한눈에 알아보는
우리 나무 5

한눈에 알아보는 우리 나무
─다육식물 편

5

차이점을 비교하는 신개념 나무도감   박승철 지음

글항아리

　나무를 좋아하여 전국 곳곳을 돌아다니며 다육식물을 접할 때가 많아 졌다. 온실이나 애호가들이 키우고 있는 선인장에도 눈길이 갔다. 볼 때마 다 이런 생각이 들었다. '선인장도 꽃을 피우는구나!' 선인장의 꽃이 놀랍 도록 화려하고 예쁘다는 것을 처음 알게 되었다. 선인장은 가시가 무시무 시하고 험상궂기 때문에 한 번도 가까이 다가가거나 들여다본 적이 없었 는데 선인장 종류마다 가시의 숫자나 특성도 다르다는 걸 알고 점차 구분 해서 보게 되었다. 어떤 것은 가시가 고작 2개인 반면, 어떤 것은 30개도 넘는 많은 가시를 가지고 있고, 가시의 크기가 월등한 선인장과 가시가 매 우 가늘어 육안으로 살펴볼 수 없는 선인장이 있다는 것도 알게 되었다.

　선인장의 가시는 보통 하얀 가시자리(자좌刺座, areole)라는 곳에 모여 서 달린다. 이 가시들은 다시 주변가시(방사상가시, radial spine)와 큰가시 central spine로 구분된다. 예전에는 가시의 전체 모양이 마치 송충이 같아서 징그럽다고 생각하고 있었는데, 자세히 들여다보니 다양하면서 특이하고 신기한 가시들이 너무나 매력이 넘치고 아름답게 다가왔다. 새로운 세계 에 눈을 뜨게 된 것이다. 그 이후로 선인장을 찾아다니는 일은 놀랍고 신 기하고 재미있는 일들의 연속이었다. '세상은 아는 만큼 아름답다'는 말 그대로였다.

그래서 나는 선인장의 사진을 찍어 모으기 시작했다. 광택이 자르르 흐르면서 화려한 꽃의 아름다움은 직접 보지 않으면 알기 어렵다. 선인장 잎은 처음에는 다육의 잎으로 시작하지만, 나이가 들어 오래되면 잎의 색깔이 갈색으로 변하면서 목질화하여 나무줄기로 변한다. 그래서 선인장은 초본(풀)이 아니라 나무, 그것도 떨기나무(관목)라는 것을 깨닫게 됐다.

그렇다면 나무도감을 만들면서 이 선인장을 놓쳐서는 곤란할 것이다. 선인장을 비롯하여 다육식물들을 포함해야겠다는 생각에 이르렀다.

우리나라에 살고 있는 다육식물 종류는 무척 많고 다양하다. 속屬간 교배종이나 신품종들이 수시로 개발되고 있어 그 특이함이 더해지는 다육식물의 세계는 알면 알수록 놀랍고 매력적이다. 하지만 사진을 찍은 후 돌아와 이름을 찾아보면 정확히 알아내기가 무척 힘들고, 비슷한 겉모습 때문에 헷갈리는 경우도 많다. 인터넷을 찾아보면 똑같은 다육식물임에도 중구난방으로 다양한 이름으로 불리고 있다. 말하는 사람마다, 판매하는 사람마다 이름이 서로 달라 혼란스럽기 그지없다.

국가표준식물목록에 들어가봐도 이 문제는 해결되지 않는다. 이름을 찾아보지만 아직 우리나라에서는 국명國名이 만들어지지 않은 다육식물이 대부분이며, 혹 있다고 하더라도 학명 발음을 그대로 한글로 적어놓는 수준이라 마치 화성인들의 이름을 부르는 것처럼 이해하기 어렵고 외우기도 어렵다.

그래서 『한눈에 알아보는 우리 나무』5, 6권으로 이 책을 쓰는 동안 그 이름을 정확하게 불러주고 다육식물의 이름을 통일해 혼란을 줄였으면 좋겠다는 생각이 간절해졌다. 그러던 중 중국이나 일본에서는 다육식물의 이름이 어느 정도 통일되어 있고, 한자漢字 이름을 적용하고 있어서 해당

식물의 특징이 이름에 반영되는 경우가 많다는 것을 알게 됐다. 나는 우리나라처럼 학명을 발음 그대로 옮기는 것은 너무 싫었기에, 이해하기도 쉽고 부르기도 좋은 중국과 일본의 한자 이름이 더욱 눈에 들어왔다. 그래서 이 책에서는 한자 이름을 각 식물에 붙였으며 학명을 그 아래에 적어주었다. 시중에서 판매되고 있는 다육식물의 이름이 이 한자 이름과 다를 경우에는 이명으로 괄호 속에 넣었다. 책 뒤에 첨부한 '찾아보기'에도 한자 이름과 시판되고 있는 이름을 함께 넣었다. 아울러『한눈에 알아보는 우리 나무』1~4권에 수록된 나무들을 이번 5~6권의 다육식물 이름과 합친 후 가나다순으로 재배열함으로써, 독자들이 번번이 다른 책을 뒤적이지 않아도 되게 배려했다.

내가 그동안 만난 선인장의 종류만 하더라도 176종이나 된다. 또 돌나물과의 다육식물들만 해도 256종이나 되고 돌나물과 중에서도 에케베리아Echeveria 종류가 87종에 이른다. 이렇게 모으다보니 이 책에는 총 21과科, 663종種의 다육식물이 수록되었으며 한 종마다 15장의 사진으로 총 9945장의 사진이 들어갔다.

이번 5~6권 사진 배치의 원칙과 특징은 1~4권과 같기 때문에 뒤에 나오는 일러두기를 참고해주시기 바란다. 비록 수록하지 못한 다육식물도 많긴 하지만 다육식물 애호가들의 궁금증을 풀어주고 불편을 덜어 '세상은 아는 만큼 아름답다'는 경험을 하고 조금이라도 더 세상을 아름다운 눈으로 볼 수 있기를 기대한다. 또, 다육식물을 배우고 알고자 하는 식물 관련 업무에 종사하시는 분들께 조금이라도 도움이 되는 자료가 되었으면 좋겠다.

다육식물 관련 '용어'는『한눈에 알아보는 우리 나무』1권 412쪽에 실려 있는 '용어해설'을 참고하시기를 바란다.

책이 나오기까지 어려운 중에 출간을 위해 많은 격려를 해주신 글항아리 강성민 대표님께 감사 말씀을 드리며, 자료와 사진을 정리하고 전문용어를 쉽게 풀어 책을 아름답게 만들어주신 편집자와 디자이너들의 노고에도 깊은 감사를 드린다.

2024년 3월
박승철

식물도감은 보통 설명을 적고 그에 따른 사진은 따로 모아놓다 보니, 사진이 작아지고 그 수도 적어 책을 볼 때마다 답답하다는 인상을 지울 수 없었다. 그래서 사진을 좀 더 크고 시원하게 보면서도 그에 대한 설명을 읽을 수 있으며, 그 뜻을 바로 알 수 있는 나무도감이 필요하다고 생각했고 그에 따라 책을 구성했다. 읽을 때 미리 알아두면 유용한 것들을 간략히 설명한다.

사진의 배치

이 책에 수록된 사진은 1998년부터 2015년까지 18년 동안 현지에서 직접 찍은 130만 장의 사진 가운데 3만6000여 장을 고른 것이다. 종당 15장의 사진은 두 페이지에 걸쳐 종의 특징을 보여주는, 다른 도감에서 찾아보기 힘든 대표적인 사진들로 채웠다. 이때 어떤 종을 펼치더라도 나무의 해당 부분 사진이 될 수 있으면 책에서 같은 자리에 오도록 배치했다. 꽃차례부터 잎, 줄기, 나무의 전체적인 모습 등 사진만 비교해도 쉽게 동정同定할 수 있도록 하기 위함이다.

사진을 크게 싣기 위해 설명하는 글은 그 여백을 활용해 넣었다. 이렇게 함으로써 크기가 다른 다양한 나무 사진을 그에 맞게 넣을 수 있었을 뿐 아니라, 다른 도감보다 더 많은 사진을 실을 수 있었다. 특히 첫 사진의 설명은 종만의 독특한 특징을 서술해 그것만 읽어도 해당 종을 헷갈리기 쉬운 다른 종과 쉽게 구별할 수 있도록 했다. 각 자리의 세부적 쓰임새는 다음과 같다.

00 종의 특징을 보여주는 대표 사진.
01 꽃차례花序 전체 모습.
02 홀성꽃單性花일 때 암꽃의 모습.
03 홀성꽃일 때 수꽃의 모습.
04 암술이나 수술, 꽃받침 등 종의 특징을 나타내는 꽃의 특정 부분을 확대.
05 잎 표면(위)과 잎 뒷면.
06 잎자루葉柄나 턱잎托葉의 모습.
07 겹잎複葉을 이루는 작은 잎小葉 하나 또는 홀잎單葉 하나.
08 잎차례葉序, 작은 잎이 모두 모여 이루는 전체 겹잎의 모습.
09 열매가 달리는 열매차례果序의 전체 모습.
10 열매 하나하나의 모습.
11 씨앗種子.
12 잎의 톱니, 잎맥葉脈, 줄기의 가시, 꽃받침, 겨울눈冬芽 등 그 나무만의 특징적인 모습.
13 햇가지新年枝 또는 어린 가지에 난 털이나 겨울눈.
14 나무껍질樹皮과 함께 나무의 높이 등 형태상의 특징.

수록종과 분류 체계

이 책은 우리나라 산과 들에서 자생하는 나무는 물론 해외에서 들여왔지만 우리 땅에 뿌리를 내린 원예종, 선인장과 다육식물까지 총 2410종을 수록해 국내 도감 중 가장 많은 수종을 다루고 있다. 특히 원예종 중에서도 야생에서 얼어 죽지 않고 월동하는 나무들을 포함해 공원이나 수목원, 온실 또는 실내에서 흔히 만날 수 있는 나무들까지 모두 수록하려고 노력하였다. 그 가운데는 기존의 나무도감에서 찾아볼 수 없던, 이 책에서 처음으로 소개되는 종도 더러 있다. 나무는 우선 크게 일반 수종과 다육으로 나눈 다음, 다시 과별로 묶어 배열했다. 같은 과에서도 모양이나 색깔이 비슷해 헷갈리기 쉬운 종끼리 모아 가급적 비교·검토하기 쉽도록 배치했다.

각 나무는 과명을 먼저 적은 뒤 찾아보기 쉽도록 번호를 붙이고, 국명과 이명(괄호 표시), 학명을 나란히 적었다. 학명과 국명은 국립수목원의 '국가표준식물목록'을 따랐으며, 여기에 없는 이름은 '북미식물군' 또는 중국식물지FOC, 일본식물지 등을 두루 참고했다. 선인장과 다육식물은 국가표준식물목록을 기본으로 'RSChoi 선인장정원'을 참조해 정리했다.

- 국가표준식물목록 http://www.nature.go.kr/kpni/index.do

- 북미식물군Flora of North America http://www.efloras.org

참고 자료

종에 관한 정보는 『대한식물도감』(이창복, 향문사, 1982)와 국립수목원의 '국가생물종지식정보시스템'의 식물도감 편, 『한국식물검색집』(이상태, 아카데미서적, 1997)을 주로 참고했다. 다만 무궁화는 『무궁화』(송원섭, 세명서관, 2004)를, 선인장과 다육식물은 해외 전문 인터넷 사이트도 함께 참고했다.

- 국가생물종지식정보시스템 http://www.nature.go.kr/

용어의 사용

글은 누구나 어렵지 않게 이해할 수 있게끔 가능하면 쉬운 우리말로 풀어 썼다. 전문용어를 쓸 때는 이해를 돕기 위해 사진에 그에 해당하는 부분을 함께 표시했다. 학자마다 다른 용어를 사용하고 있을 때는 일반적으로 두루 쓰이는 용어를 선택했다. 또 한자어 등 다른 이름으로도 자주 쓰이는 말은 부록에 용어사전을 따로 실어 찾아볼 수 있도록 했다. 용어사전은 국립수목원의 '식물용어사전'과 농촌진흥청의 '농업용어사전', 『우리나라 자원식물』(강병화, 한국학술정보, 2012) 등을 참고했다. 용어사전을 먼저 익힌 뒤 도감을 읽어나가면 시간을 좀 더 절약할 수 있을 것이다.

- 국립수목원 식물용어사전 http://www.nature.go.kr/
- 농촌진흥청 농업용어사전 http://lib.rda.go.kr/newlib/dictN/dictSearch.asp

차례

대극과

꽃은
늦겨울에 핀다.

천녀금天女琴
Aloinopsis setifera
—

줄기는 없거나 아주 짧다. 잎은 길이 2센티미터, 포기 지름 5센티미터 정도다. 잎 양면에 흰색의 가시 같은 뾰족한 돌기가 있다. 꽃은 늦겨울, 햇볕이 충분한 날 오후 3시가 지나야 피기 시작한다. 꽃은 밝은 노란색이며 지름이 약 2.5~3센티미터다.

얼룩점

잎에는
작은 얼룩점이 많다.

꽃받침은
젖혀지지 않는다.

꽃봉오리

꽃이 피는 모습

꽃은
오후 3시가 지나야
피기 시작한다.

꽃의 지름은
약 25～30밀리미터이다.

수술

잎 양면에는
흰색의 가시 같은
뾰족한 돌기가 있다.

가시 같은
돌기

잎의 길이는
약 2센티미터이다.

잎은 주걱모양이며,
횡단면은 삼각형이다.

잎은
십자마주交互對生난다.

여러 포기가 모여서
무리지어 자란다.

약 3센티미터
높이로 자란다.

꽃은 겨울철 햇볕이
충분한 날 오후에 핀다.

잎끝은 둥글다.

능교菱鮫

Aloinopsis rosulata
—

높이 3센티미터 정도 자란다. 잎은 주걱 모양이고, 길이가 약 3센티미터다. 잎끝
에 녹백색의 둥근 얼룩점斑紋이 촘촘하다. 꽃의 지름은 35밀리미터 정도고 꽃잎
에 진한 붉은색 줄무늬가 있는 특징이 있다.

꽃이 진 후의
어린 열매

줄무늬

암술과
수술

꽃잎에 진한
붉은색 줄무늬가 있다.

꽃의 지름은
약 35밀리미터다.

암술

잎에는 녹백색의
개구리알 같은
얼룩점이 촘촘하다.

잎은 주걱 모양이고
길이가 약 3센티미터다.

잎은 광택이 있은
다육질이다.

여러 포기가 모여서
무리지어 자란다.

약 3센티미터
높이로 자란다.

잎은 주걱 모양이다.

꽃은 한 송이씩
잎겨드랑이[葉腋]에 달린다.

천녀운天女雲

[큰보석나무]

Aloinopsis malherbei

[Giant Jewel Plant]

—

잎끝은 부채 모양으로 퍼진다. 잎 뒷면에 사마귀 같은 흰색 돌기가 있다. 꽃은
햇볕이 좋은 날 오후에 피었다가 오후 4시경에는 이미 져버린다. 꽃의 지름은
30~35밀리미터 정도다.

잎 뒷면에
사마귀 같은
흰색 돌기가 있다.

꽃은 연한 살구색으로 핀다.

꽃자루가 길다.

흰색 돌기

꽃자루의 길이는
약 2센티미터다.

꽃지름이
약 30~35밀리미터다.

수술

잎은 길이 3센티미터,
폭 2.5센티미터 정도다.

잎끝에 톱니와
흰색 돌기가 있다.

잎은 부채를 펴 놓은 듯한
거꿀달걀꼴이다.

꽃이 진 후 모습

꽃은 햇볕이 좋은 날
오후에 피며,
꽃 피는 시간이 짧다.

높이 5센티미터
이하로 자란다.

꽃은 늦은 가을에서 겨울에 핀다.

잎끝 쪽에는 푸르스름한 자갈 같은 돌기가 있다.

천녀天女

[티타놉시스 칼카레아]

Titanopsis calcarea

[Concrete Leaf Living Stone · Jewel Weed]

—

높이 8~10센티미터 정도 자란다. 잎은 희끄무레한 회색 또는 청록색이며 길이가 약 25밀리미터이다. 잎끝 쪽에는 푸르스름한 자갈 같은 돌기가 있다. 꽃은 오렌지 빛 노란색이고 지름이 2센티미터 정도며 늦은 가을에서 겨울에 핀다.

어린 열매

꽃이 피는 모습

꽃은 잎겨드랑이에 한 송이씩 달린다.

꽃은 오렌지 빛
노란색으로 핀다.

꽃의 지름은
약 2센티미터이다.

수술은 뭉쳐서 달린다.

잎은 주걱 모양이다.

잎의 길이는
약 25밀리미터.

잎은 희끄무레한 회색
또는 청록색이다.

돌기

여러 포기가 모여서
무리지어 자란다.

약 8~10센티미터
높이로 자란다.

꽃은
겨울에 핀다.

잎끝 쪽에
자갈 같은
돌기가 있다.

천녀선天女扇

Titanopsis hugo-schlechteri

—

줄기는 없거나 아주 짧다. 포기의 지름은 4~5센티미터 정도 자란다. 주걱 모양의 잎은 길이가 2센티미터 정도고 잎끝은 삼각형이며 자갈 같은 돌기가 있다. 주위 환경에 따라 잎의 색깔은 흑녹색, 청색, 회색, 붉은색, 적갈색 등 다양하다. 꽃의 지름은 약 2센티미터다.

익은 열매

꽃자루

열매

꽃의 지름은
약 2센티미터다.

꽃은
밝은 노란색으로
핀다.

꽃의 중심부는
흰색이다.

잎끝은 삼각형이다.

주걱 모양의 잎은
길이가 약 2센티미터다.

잎은 주걱모양이며,
삼각형의 잎끝에 자갈 같은
돌기가 많다.

암술

여러 포기가 모여서
무리지어 자란다.

약 3센티미터
높이로 자란다.

꽃은 햇볕 좋은 날
오후 3시가 넘어야 피기
시작한다.

편남파片男波

[백파白波]

Faucaria bosscheana var. bosscheana

—

줄기는 없거나 아주 짧다. 잎가에 털 같은 톱니 2~3쌍이 있거나 없다. 잎의 길이는 3센티미터 정도고 잎 가장자리를 따라 흰색 줄무늬가 있다. 노란색의 꽃은 지름 6센티미터 정도고 늦가을에서 겨울동안 핀다. 꽃은 햇볕 좋은 날 오후 3시가 넘어야 피기 시작한다.

잎 양면에는
점무늬가 없다.

어린 열매

꽃의 중심부는
연한 노란색이다.

여러 포기가 모여서
무리지어 자란다.

꽃은 밝은
노란색으로 핀다.

꽃의 지름은
약 6센티미터다.

수술

흰색
줄무늬

잎 가장자리를 따라
흰색 줄무늬가 있다.

털 같은
톱니

잎가에 털 같은
톱니 2~3쌍이
있거나 없다.

잎의 길이는
약 3센티미터다.

잎의 색깔 비교

사해파

편남파

잎끝이 뾰족한 주걱모양의 잎
횡단면은 삼각형이다.

높이는 3센티미터
정도로 자란다.

편남파

꽃은 오후 3시가
지나야 피기 시작한다.

사해파四海波
[파우카리아 티그리나 · 호랑이턱]

Faucaria tigrina

[Tiger Jaws · Tiger's Jaw]

—

잎 가장자리에 열 개 정도의 날카로운 육질肉質의 털 같은 톱니가 아래쪽으로 꼬부라진다. 잎의 길이는 약 4센티미터고 잎에는 흰색 얼룩점이 많이 있다. 잎은 삼각형의 보트 모양이다. 꽃의 지름은 약 6센티미터며, 노란색의 꽃은 오후 3시가 지나야 피기 시작한다.

잎에
흰색 얼룩점이 많다.

어린 열매

다 익은 열매

여러 포기가 모여서
무리지어 자란다.

꽃의 지름은
약 6센티미터다.

꽃은
밝은 노란색으로
핀다.

암술

수술

털 가시는
아래쪽으로
꼬부라진다.

잎의 길이는
약 4센티미터다.

잎은 십자마주난다.

톱니에도
털이 있다.

꽃이 피는 모습

약 5센티미터
높이로 자란다.

꽃은 11월,
햇볕이 충분한 날
오후 3시가 넘어야 핀다.

잎가에 육질의
털 같은 톱니가 있다.

황파荒波

Faucaria felina subsp. *tuberculosa*

—

잎 표면에는 흰색 돌기가 있다. 잎은 길이 25밀리미터, 폭 20밀리미터 정도다. 잎가에 털 같은 톱니가 있다. 사해파*F. tigrina*에 비해 잎에 사마귀 같은 흰색 돌기가 있다.

꽃은 잎겨드랑이에
한 송이씩 달린다.

꽃의 중심부는
노란색이다.

잎에 사마귀 같은 흰색 돌기와
털 같은 톱니

꽃은
노란색으로 핀다.

꽃의 지름은
약 4센티미터다.

암술과 수술

돌기

잎은 뒷면이 뾰족한 삼각형이며
3개의 능선이 뚜렷하다.

잎 표면에는
사마귀 같은 흰색 돌기가 있다.

잎은 길이 25밀리미터,
폭 20밀리미터 정도다.

잎은
십자마주난다.

여러 포기가 모여서
무리지어 자란다.

줄기는 거의 없으며
높이가 8센티미터
정도 자란다.

꽃은 잎겨드랑이에
한 송이씩 달린다.

조파照波

[세시꽃三時草·요술꽃·송파금]

Bergeranthus multiceps

—

잎은 길이 3~4센티미터, 폭 7밀리미터 정도다. 꽃의 지름은 약 3~4센티미터다.
꽃은 오후 3시경에 피었다가 해가 지면 꽃잎을 오므리기 때문에 세시꽃이라고도
한다. 꽃은 노란색이지만 꽃잎을 오므리고 있을 때는 주홍색이다.

잎 표면

꽃은 여름, 오후 3시경에
노란색으로 핀다.

꽃잎을
오므리고 있을 때는
주홍색이다.

잎의 횡단면은
삼각형이다.

꽃의 지름은
3~4센티미터
정도다.

노란색

수술

주홍색

잎은 길이 3~4센티미터,
폭 7밀리미터 정도로
좁고 길다.

잎은 길게 뾰족한 바소꼴이며,
횡단면은 삼각형이다.

잎끝은 뾰족하다.

여러 포기가 모여서
무리지어 자란다.

잎 양면에
진한 녹색
얼룩점이 있다.

약 10센티미터 높이
이하로 자란다.

조파

꽃은 늦겨울 잎겨드랑이에서
한 송이씩 핀다.

잎끝은
뾰족하다.

욱파旭波

Rabiea albinota

—

높이 10센티미터 이하로 자란다. 잎에는 진한 녹색 또는 흰색의 얼룩점이 있
다. 잎은 길이 4~5센티미터, 폭 10~12밀리미터 정도로 좁고 길다. 꽃은 지름이
4~4.5센티미터며 오후에 피었다가 다음날 아침까지 꽃잎을 오므리고 있다. 꽃
은 늦은 겨울에서 봄에 핀다.

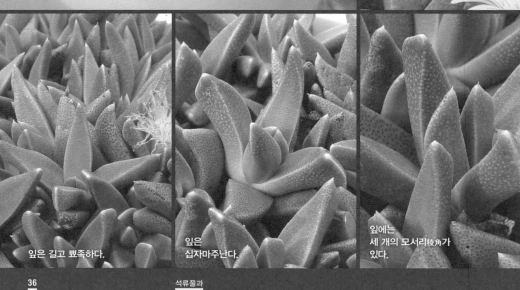

잎은 길고 뾰족하다.

잎은
십자마주난다.

잎에는
세 개의 모서리稜角가
있다.

꽃의 지름은
약 40~45밀리미터다.

수술

꽃은 햇볕 좋은 날
오후에 노란색으로 핀다.

잎에는 진한 녹색 또는
흰색의 얼룩점이 있다.

잎은 길이 4~5센티미터,
폭 10~12밀리미터 정도로 좁고 길다.

잎은 길게 뾰족한 바소꼴이며
횡단면은 삼각형이다.

잎 표면에 얼룩점

여러 포기가 모여서
무리지어 자란다.

약 10센티미터
높이 이하로 자란다.

욱파

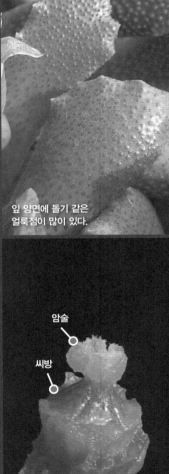

꽃은 늦겨울 잎겨드랑이에
한 송이씩 핀다.

난주蘭舟

Stomatium bolusiae

—

잎 위쪽에 7~9개 정도의 뾰족한 톱니가 있고 잎 양면에 돌기 같은 얼룩점이 많이 있다. 꽃잎은 초록색이고, 꽃받침은 없다. 꽃잎의 길이는 12밀리미터 정도다. 4~5개의 꽃잎은 뒤로 젖혀진다.

잎 양면에 돌기 같은
얼룩점이 많이 있다.

꽃밥
수술대
암술

암술
씨방

꽃잎이 젖혀지기 전의 모습

꽃잎 ○

수술만큼 긴 꽃잎은
4～5개다.

젖혀져
뒤로 말리는 꽃잎

꽃잎이 모두 젖혀져
뒤로 말린 모습

잎 위쪽에 7～9개 정도의
뾰족한 톱니가 있다.

잎은 길이 3센티미터,
폭 1센티미터 정도다.

잎은 십자마주난다.

톱니와 얼룩점

약 3센티미터 높이로 자란다.

여러 포기가 모여서
무리지어 자란다.

난주

꽃은 4월,
노란색으로 핀다.

세주옥笹舟玉

Stomatium duthieae

—

잎은 길이가 2센티미터 정도고, 잎 위쪽에 뾰족한 가시 같은 돌기가 있거나 없다.
잎끝은 뾰족하고, 잎의 횡단면은 삼각형이다. 잎 양면에 볼록한 돌기가 많이 있
다. 꽃의 지름은 25밀리미터 정도고 오후에 노란색으로 핀다.

잎의 횡단면은
삼각형이다.

잎 양면에는
돌기가 많다.

꽃자루는
잎 길이보다 짧다.

여러 포기가 모여서
무리지어 자란다.

꽃은 오후에 핀다.

꽃의 지름은
약 25밀리미터다.

수술대와 꽃밥은
노란색이다.

가시 같은
돌기

잎은 길게 뾰족한 바소꼴이며,
횡단면은 삼각형이다.

잎 위쪽에
뾰족한 가시 같은 돌기가
있거나 없다.

잎의 길이는
약 2센티미터다.

꽃은 봄에 핀다.

줄기는 곁가지가
많이 갈라진다.

약 2~5센티미터
높이로 작다.

세주옥

꽃은 봄부터
몇 달 동안 지속적으로 피어
개화기간이 길다.

당금唐錦
Chasmatophyllum musculinum

[Yellow Swallowtail Mesemb]

—

높이 10센티미터 이하로 키가 작다. 잎은 길이 60~70밀리미터, 폭 10~17밀리미터 정도다. 꽃은 햇볕 좋은 날 오후에 노란색으로 피지만, 구름이 많이 낀 날에는 꽃이 피지 않는다. 꽃의 지름은 3센티미터 정도다.

잎에는
돌기가 없다.

흐리거나 비오는 날에는
꽃이 피지 않는다.

잎끝은
뾰족하다.

잎은 길고
잎끝은 뾰족하다.

꽃은 햇볕 좋은 날
오후에 노란색으로 핀다.

꽃지름이
약 3센티미터다.

수술대와 꽃밥은
노란색이다.

잎의 횡단면은
삼각형이다.

잎은 길이 60~70밀리미터,
폭 10~17밀리미터 정도다.

잎은 길게 뾰족한 바소꼴이며,
횡단면은 삼각형이다.

여러 포기가 모여서
무리지어 자란다.

약 10센티미터 높이
이하로 자란다.

잎은
십자마주난다.

<u>당금</u>

꽃은 잎겨드랑이에
한 송이씩 핀다.

잎에 얼룩점이나
돌기가 없다.

꽃자루의 길이는
약 6~7센티미터다.

조주鳥舟

Schwantesia triebneri

—

높이 15센티미터 이하로 자란다. 잎은 회록색이며 길이 4~10센티미터 정도로
길다. 잎끝은 뾰족하며 톱니가 없다. 잎에 얼룩점斑點이나 돌기가 없다. 꽃은 밝
은 노란색이며 지름 2~5센티미터 정도다.

꽃이 진 후

꽃받침

꽃은
밝은 노란색으로 핀다.

꽃의 지름은
2~5센티미터 정도다.

수술대와 꽃밥은
노란색이다.

잎끝은 뾰족하며
톱니가 없다.

잎은 회록색이며
길이가 4~10센티미터
정도로 긴 편이다.

잎은 길게 뾰족한 바소꼴이며,
횡단면은 삼각형이다.

여러 포기가 모여서
무리지어 자란다.

약 15센티미터
높이 이하로 자란다.

잎은 십자마주난다.

조주

꽃은 가을에 자주색, 보라색,
분홍색, 노란색 등으로 핀다.

금령金鈴

[아르기로데르마 델라이티]

Argyroderma delaetii

—

줄기는 땅 속에 숨어있거나 땅 위에서 갈라진다. 잎은 회청록색이며 아래쪽에서
둘로 갈라진다. 잎은 길이 40~50밀리미터, 폭 35밀리미터 정도 자란다. 매년 잎
겨드랑이에서 새로운 잎이 쌍으로 돋아나오며 잎끝은 두툼하고 달걀 모양으로
둥글다. 꽃의 지름은 30~40밀리미터 정도다.

잎끝은 두툼하고
달걀 모양으로 둥글다.

갈라진 잎겨드랑이에서
꽃자루가 올라온다.

매년 새로운 잎이
쌍으로 돋아난다.

꽃이 피는 모습

꽃은
잎겨드랑이에
달린다.

꽃의 지름은
약 30~40밀리미터다.

수술

잎은 아래쪽에서
둘로 갈라진다.

잎은 회청록색이다.

잎은 길이 40~50밀리미터,
폭 35밀리미터 정도 자란다.

여러 포기가 모여서
무리지어 자란다.

줄기는 거의 없고
높이가 3센티미터
이하로 자란다.

꽃잎은 다수이며
가늘고 길다.

꽃은 10월에
노란색으로 핀다.

잎은
회록색이다.

마옥魔玉

[고원장미]

Lapidaria margaretae

[Karoo Rose · Kangaroo Rose]

—

줄기가 거의 없으며, 여러 포기가 모여 무리지어 자란다. 잎은 2쌍이 십자마주
난다. 잎은 회록색이고 횡단면은 토실토실한 삼각형이다. 잎에는 뚜렷한 세 개의
모서리가 있다. 꽃의 지름은 약 4~5센티미터다.

어린 열매

갈라진 잎겨드랑이에서
꽃자루가 올라온다.

수술

꽃의 지름은
약 4~5센티미터다.

꽃은 잎겨드랑이에
한 송이씩 달린다.

수술

잎의 횡단면은
삼각형이다.

잎은 길이 15밀리미터,
폭 10밀리미터 정도다.

잎은 2쌍이
십자마주난다.

잎에는 뚜렷한 세 개의
모서리가 있다.

줄기가 거의 없으며,
여러 포기가 모여서
무리지어 자란다.

높이 3센티미터 정도
자란다.

마옥

청란靑鸞

[청난]

Pleiospilos simulans
—

잎의 횡단면은 삼각형이다. 잎은 길이 7~8센티미터, 폭 3센티미터 정도며 두께가 2센티미터 정도로 아주 두꺼운 편이다. 잎에는 암녹색의 얼룩점이 많이 있다. 꽃은 노란색이며, 꽃의 중심부는 흰색이다. 꽃에서 고기 썩는 냄새가 난다.

꽃은 오후 3시 이후에 피었다가 해가 지면 오므린다.

잎에는 암녹색 얼룩점이 많다.

꽃에서 고기 썩은 냄새가 난다.

수술

암술

꽃의 지름은
약 6~7센티미터다.

꽃자루는
짧은 편이다.

흰색

암술

수술

꽃은 노란색이며,
꽃의 중심부는 흰색이다.

잎의 횡단면은
삼각형이다.

잎은 길이 7~8센티미터,
폭 3센티미터 정도며
두께가 2센티미터 정도로
아주 두꺼운 편이다.

잎은
십자마주난다.

여러 포기가 모여서
무리지어 자란다.

약 8센티미터
높이로 자란다.

십자마주달리는 잎

꽃은 2월에
노란색으로 핀다.

미생彌生

Cheiridopsis herrei
—

줄기 하나에 잎은 2~4(~6)개씩 달린다. 잎의 길이는 3센티미터 정도며 잎에는
진한 녹색 얼룩점이 많다. 잎끝은 납작하게 얇아진다. 꽃의 지름은 6센티미터 정
도다.

잎에는 진한 녹색
얼룩점이 많다.

꽃밥

수술대

꽃자루

꽃받침

꽃은 잎겨드랑이에
한 송이씩 달린다.

꽃지름이
6센티미터 정도다.

수술

잎의 길이는
3센티미터 정도다.

잎끝은 납작하게
얇아진다.

잎은
십자마주 달린다.

잎의 횡단면은
삼각형이다.

여러 포기가 모여서
무리지어 자란다.

약 2~5센티미터
높이로 자란다.

꽃은 늦은 겨울에서 이른 봄에
자홍색으로 핀다.

잎은 벨벳처럼 부드러운 털로 덮여있는
특징이 있다.

무비옥無比玉

[기바에움 디스파]

Gibbaeum dispar
—

잎은 벨벳같이 섬세한 털로 덮여 있는 특징이 있다. 곱사등처럼 생긴 잎은 둔하게 세 개의 모서리가 있다. 꽃은 늦은 겨울에서 초봄에 자홍색으로 핀다. 꽃은 오후에 피었다가 저녁때 오므라든다.

암술

잎겨드랑이에서
꽃자루가 올라온다.

잎은 양 쪽의 크기가
서로 다른 비대칭이다.

꽃은 잎겨드랑이에
한 송이씩 달린다.

꽃은 오후에 피었다가
저녁 때 오므라든다.

꽃의 지름은
약 2.5센티미터 정도다.

잎에는 둔한
세 개의
모서리가 있다.

잎은 두툼하고 곱사등처럼 굽으며
동글동글하다.

잎은
마주 달린다.

여러 포기가 모여서
무리지어 자란다.

짧은 줄기가 있다.

높이가 10센티미터
이하로 자란다.

꽃은 초가을에
주황색으로 핀다.

잎에는 털이 없고
얼룩점도 없다.

적광寂光

[코노피툼 프루테스켄스 · 축전]

Conophytum frutescens

—

줄기에서 곁가지가 많이 갈라진다. 잎은 줄기를 중심으로 Y자 모양으로 마주 달
리고 길이 4센티미터, 폭 13밀리미터 정도며 밝은 회록색이다. 꽃의 지름은 약
10밀리미터며, 초가을에 주황색으로 핀다.

잎겨드랑이에서
꽃자루가 올라온다.

꽃의 중심부는 노란색이다.

수술

꽃자루의 길이는
약 1센티미터다.

꽃의 지름은
약 1센티미터다.

수술

여름에 새 잎이
나오는 모습

잎은 길이 4센티미터,
폭 13밀리미터 정도다.

잎은 줄기를 중심으로
Y자 모양으로 마주 달린다.

새잎이
나오는 모습

줄기에서 곁가지가
많이 갈라진다.

높이 5센티미터 이하,
줄기 길이가 20센티미터
정도 퍼진다.

적광

꽃은 초겨울에
주황색으로 핀다.

잎겨드랑이는
칼집처럼 갈라져 오목하다.

코노피툼 쿠프레이플로룸
Conophytum cupreiflorum

—

줄기는 거의 없고 높이가 3센티미터 정도 자란다. 잎은 회청록색이며 얼룩점이 있다. 잎의 길이는 약 20밀리미터며 잎겨드랑이는 칼집처럼 갈라져 오목하다. 꽃은 초겨울에 주황색으로 피며 지름이 35밀리미터 정도다. 적광*C. frutescens*과 달리 잎이 작고 잎에 얼룩점이 있다.

여러 포기가 모여서
무리지어 자란다.

갈라진 잎겨드랑이 틈에서
꽃자루가 올라온다.

꽃의 중심부는
노란색이다.

꽃자루가
짧은 편이다.

꽃의 지름은
약 35밀리미터.

수술

잎에는
얼룩점이 있다.

잎의 길이는
약 20밀리미터다.

얼룩점

잎은
회청록색이다.

새 잎이
나오는 모습

줄기는 땅 속에 숨어있으며,
땅에서 새잎이 많이 올라온다.

약 3센티미터
높이로 자란다.

코노피툼 쿠프레이플로룸

꽃은 가을에 자줏빛이 도는 밝은 분홍색으로 핀다.

군벽옥群碧玉

[미누툼 코노피툼 · 코노피툼 미누툼]

Conophytum minutum
—

줄기는 거의 없고 높이가 2센티미터 이하로 자라며, 잎이 모여 땅을 덮는다. 잎은 회청록색이며 얼룩점이 있다. 잎은 길이 12밀리미터, 폭 10밀리미터 정도로 둥글고 작다. 잎겨드랑이는 칼집처럼 갈라져 오목하다. 봉추옥*C. minutum var. pearsonii*과 달리 잎이 작고, 잎에 얼룩점이 있다.

잎겨드랑이는 칼집처럼 갈라져 오목하다.

꽃의 중심부는 흰색에 가까운 분홍색이다.

갈라진 잎겨드랑이 틈에서 꽃자루가 올라온다.

줄기는 땅 속에 숨어 있으며, 땅에서 새잎이 많이 올라온다.

갈라진 잎겨드랑이 틈에서
꽃자루가 올라온다.

꽃의 지름은
약 2센티미터며
향기가 없다.

수술

잎에 얼룩점
군벽옥: 있다.
봉추옥: 없다.

잎은 최대 길이 12밀리미터,
폭 10밀리미터 정도로 둥글고 작다.

잎은 회청록색이다.

얼룩점

잎은
동글동글한
공 모양球形이다.

새 잎이 나오는 모습

높이 2센티미터 이하로 자라며,
잎이 모여 땅을 덮는다.

잎겨드랑이에서
꽃자루가 올라온다.

잎은 회청록색이며
얼룩점이 없다.

봉추옥鳳雛玉
Conophytum minutum var. pearsonii
—

동글동글한 잎은 위쪽이 편평하며, 잎겨드랑이는 약간 오목하다. 잎은 회청록색
이며 길이와 폭이 3센티미터 정도다. 잎겨드랑이 틈에서 꽃자루가 올라와 9~10
월에 연한 자줏빛 꽃이 핀다. 꽃의 지름은 약 2센티미터며 향기가 없다.

꽃은 잎겨드랑이에
한 송이씩 달린다.

잎은
회청록색이다.

꽃이 피는 모습

꽃은 9～10월에
연한 자줏빛으로 핀다.

꽃은 지름이 2센티미터 정도며
향기가 없다.

꽃의 중심부는 흰색에 가깝다.

잎은 길이와 폭이
3센티미터 정도다.

잎에는 모서리가 없고,
잎끝은 둔하게 둥글다.

잎 위쪽은 편평하며
잎겨드랑이는 약간 오목하다.

약 1～3센티미터
높이로 자란다.

꽃자루가
꽃의 지름보다 짧다.

줄기는
거의 없다.

꽃은 가을에
분홍색으로 핀다.

코노피툼 비카리나툼
Conophytum bicarinatum
—

잎의 위쪽은 뾰족한 편이며 잎겨드랑이는 약간 오목하다. 잎은 회청록색이며 암녹색 얼룩점이 있다. 꽃은 가을에 분홍색으로 피며 지름이 15~20밀리미터 정도다. 꽃잎은 바람개비처럼 빙빙 도는 모습이다.

잎은 회청록색이며
암록색 얼룩점이 있다.

줄기는
아주 짧다.

갈라진 잎겨드랑이 틈에서
꽃자루가 올라온다.

갈라진
잎겨드랑이

꽃잎은 바람개비처럼
빙빙 도는 모습이다.

꽃의 지름은
15~20밀리미터 정도다.

꽃의 중심부는
흰색이다.

잎은 길이와 폭이
15밀리미터 정도다.

잎은
역삼각형이다.

잎 위쪽은 납작한 편이며
잎겨드랑이는 약간 오목하다.

얼룩점이
있다.

여러 포기가 모여서
무리지어 자란다.

높이가 5센티미터 이하로 자란다.

꽃은 초가을에
분홍색으로 핀다.

잎겨드랑이는
약간 오목하다.

적영옥赤映玉

[코노피튬 누덤]

Conophytum minutum ssp. nudum

—

잎은 길이와 폭이 2센티미터 정도다. 잎은 회청록색이며 잎에는 암녹색 얼룩점
이 있다. 꽃의 지름은 약 2센티미터며 초가을에 분홍색으로 핀다. 꽃잎은 바람개
비처럼 돌지 않으며 깔때기 모양으로 펼쳐진다.

꽃잎은 바람개비처럼
빙빙 돌지 않는다.

갈라진 잎겨드랑이 틈에서
꽃자루가 올라온다.

꽃의 중심부는
황백색이다.

갈라진 잎겨드랑이 틈에서
꽃자루가 올라온다.

꽃의 지름은
약 2센티미터다.

수술

잎은 회청록색이다.

잎에는 암녹색 얼룩점이 있다.

잎은 길이와 폭이
2센티미터 정도다.

높이가 5센티미터
이하로 자란다.

갈라진
잎겨드랑이

여러 포기가 모여서
무리지어 자란다.

꽃은 가을에 한 송이씩
노란색 또는 흰색으로 핀다.

잎에는
둔한 모서리가 있다.

기봉옥奇鳳玉

[딘테란투스 미크로스페르무스 · 미크로스페르무스]

Dinteranthus microspermus

—

높이 4~5센티미터 정도 자란다. 줄기 하나에 잎은 보통 2~6개씩 달린다. 잎에
는 진한 녹색 얼룩점이 많다. 꽃의 지름은 5~6센티미터 정도다.

열매

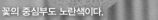
꽃의 중심부도 노란색이다.

여러 포기가 모여서
무리지어 자란다.

갈라진 잎겨드랑이 틈에서
꽃자루가 올라온다.

꽃지름이
5～6센티미터 정도다.

수술

잎은 줄기를 중심으로
Y자 모양으로 마주 달린다.

잎의 길이는
2～3센티미터
정도다.

줄기 하나에
잎은 보통 2～6개씩
달린다.

잎에 진한 녹색 얼룩점이
촘촘하다.

땅을 덮으면서
자란다.

높이가 4～5센티미터
정도 자란다.

027

석류풀과

꽃은 잎겨드랑이에
한 송이씩 달리며
10~11월에
밝은 노란색으로 핀다.

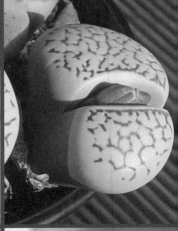

갈라지는
잎겨드랑이

능요옥綾耀玉

[딘테란투스 반질리 · 반질리]

Dinteranthus vanzijlii ssp. vanzijlii

—

잎은 높이 4센티미터, 지름 4센티미터 정도 자란다. 한 쌍의 잎은 원뿔 모양 또는 깔때기 모양이다. 잎 위쪽은 약간 볼록하며 흑적갈색 줄무늬가 있다. 꽃의 지름은 4~5센티미터 정도다. Lithops 속과 모양과 색깔이 비슷하지만, 휴면 기간이 없는 특징이 있다.

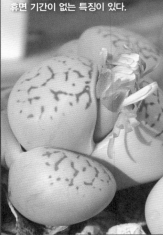

Lithops 속과 달리
휴면 기간이 없는 특징이 있다.

꽃은 잎겨드랑이에
한 송이씩 달린다.

꽃은
밝은 노란색으로 핀다.

갈라진 잎겨드랑이 틈에서
꽃자루가 올라온다.

꽃의 지름은
약 4~5센티미터다.

암술과 수술

잎 위쪽은 반달 모양이며
잎겨드랑이는 움푹 들어간다.

잎의 지름은
약 4센티미터다.

잎 위쪽은 볼록하며
흑적갈색 줄무늬가 있다.

한 쌍의 잎은
원뿔 모양 또는
깔때기 모양이다.

줄기는 없으며
한 송이 또는 여러 송이가 모여서
무리지어 자란다.

몸통은
높이 4센티미터
정도 자란다.

꽃은 잎겨드랑이에
한 송이씩 달린다.

한 쌍의 잎은
원뿔 모양 또는
깔때기 모양이다.

견형옥繭形玉

[리톱스 마르모라타]

Lithops marmorata ssp. marmorata

―

잎은 높이 20~30밀리미터, 지름 20~35밀리미터 정도다. 한 쌍의 잎은 원뿔 모양 또는 깔때기 모양이다. 잎은 회백색 또는 회록색이며, 잎 위쪽은 볼록렌즈처럼 볼록하다. 잎 위쪽에는 대리석 무늬와 같은 얼룩무늬가 있다. 꽃은 잎겨드랑이에 한 송이씩 달리며 11월에 흰색으로 핀다.

꽃은 11월에 흰색으로 핀다.

수술대는 흰색이다.

꽃은
잎겨드랑이에
달린다.

갈라진 잎겨드랑이 틈에서
꽃자루가 올라온다.

꽃의 지름은
30밀리미터 정도다.

암술과 수술

잎 위쪽에는
대리석 무늬 같은
얼룩무늬가 있다.

잎은 회백색 또는 회록색이며,
잎 위쪽은 볼록렌즈처럼 볼록하다.

잎의 지름은
20~35밀리미터 정도다.

잎 위쪽에
대리석 무늬 같은
얼룩무늬

여러 포기가 모여서
무리지어 자란다.

잎의 높이는
20~30밀리미터 정도다.

꽃은 잎겨드랑이에
한 송이씩 달린다.

낭한옥狼汗玉

Lithops pseudotruncatella subsp. dendritica 'Farinosa'

—

잎은 높이 20밀리미터, 지름 20~35밀리미터 정도다. 잎 위쪽은 반달 모양이며,
잎겨드랑이는 칼집처럼 움푹 들어간다. 잎 위쪽에는 벌집 모양의 무늬가 있다.
꽃의 지름은 25~40밀리미터 정도다.

잎 위쪽에는
벌집 모양의 무늬가 있다.

꽃이 진 후의 모습

꽃은 여름에
노란색으로 핀다.

꽃의 중심부도
노란색이다.

갈라진 잎겨드랑이 틈에서
꽃자루가 올라온다.

꽃의 지름은
25~40밀리미터 정도다.

수술

잎 위쪽은 지름이
20~35밀리미터 정도다.

잎 위쪽은 반달 모양이고
잎겨드랑이는 칼집처럼
움푹 들어간다.

잎 위쪽은
두 개의 반달이
붙어있는 모양이다.

칼집 모양의
잎겨드랑이

줄기는 없으며
보통 모여서 무리지어 자란다.

몸통은 높이가
20밀리미터 정도 자란다.

꽃은 잎겨드랑이에
한 송이씩 달린다.

한 쌍의 잎은 원뿔 모양
또는 깔때기 모양이다.

변천옥卞天玉

Lithops lesliei var. venteri

—

잎은 높이 20밀리미터, 지름 20~35밀리미터 정도다. 잎 위쪽은 두 개의 반달이
하나가 된 듯한 모습이며 한 쌍의 잎은 깔때기 모양이다. 잎 위쪽에는 대리석 무
늬가 있다. 꽃의 지름은 40밀리미터 정도다.

꽃은 가을에
노란색으로 핀다.

꽃의 중심부도
노란색이다.

어린 잎

꽃의 지름은
40밀리미터 정도다.

갈라진 잎겨드랑이 틈에서
꽃자루가 올라온다.

수술

잎 위쪽은 반달 모양이고
잎겨드랑이는 칼집처럼
움푹 들어간다.

잎 위쪽에는
대리석 무늬가 있다.

잎의 지름은
20~35밀리미터 정도다.

잎에 대리석 무늬

줄기는 거의 없으며,
보통 모여서 무리지어 자란다.

잎의 높이는
약 20밀리미터다.

변천옥

꽃은 가지 끝에
한 송이씩 달린다.

잎 양면에는
돌기가 있다.

리빙스턴 데이지

[홍파리|紅波璃]

Dorotheanthus bellidiformis

[Livingstone Daisy]

—

줄기는 누워[覆瓦狀] 땅을 덮으며, 줄기가 많이 갈라진다. 줄기와 잎에는 흰색의 투
명한 작은 돌기가 있다. 잎자루는 줄기를 감싸고, 꽃의 지름은 4~5센티미터 정
도며 5~6월에 핀다. 꽃의 색깔은 분홍색, 연분홍색, 흰색, 주황색, 연한 노란색
등 다양하게 핀다.

꽃받침에 돌기

씨방은
보통 5실이다.

수술은
흑자색이다.

꽃의 지름은
4～5센티미터 정도다.

꽃은
5～6월에 핀다.

암술과 수술

잎자루는
줄기를 감싼다.

잎은 길이 5～6센티미터,
폭 15밀리미터 정도다.

잎은 마주 달리고 육질이며
거꿀바소꼴倒披針形이다.

꽃의 색깔이
다양하다.

돌기

줄기와 잎에는 흰색의
투명한 작은 돌기가 있다.

높이 5센티미터,
줄기 길이 15센티미터
정도 자란다.

꽃은 가지 끝에
한 송이씩 핀다.

잎 양면은
작은 돌기로
덮여 있다.

송엽국松葉菊

[덩굴채송화 · 사철채송화]

Lampranthus spectabilis

—

높이 10~15센티미터, 너비 38~45센티미터 정도로 줄기는 누워 땅을 덮고 자
란다. 잎은 마주 달리며 회록색이다. 잎은 다육질로 두툼하며 3개의 둔한 능선이
있다. 꽃은 가지 끝에 한 송이씩 달리며 지름 5센티미터 정도다.

어린 열매

꽃밥

씨방은
5실이다.

꽃자루가 길다.

꽃의 지름은
5센티미터 정도다.

꽃은 햇볕이 있을 때
피었다가 저녁에는 오므라든다.

수술

잎은 길이가
5~6센티미터 정도다.

잎에는 세 개의
둔한 능선이 있다.

잎은 마주 달리며
회록색이다.

땅을 덮으면서
자란다地被植物.

줄기는 누워
땅을 덮고 자란다.

높이 10~15센티미터,
너비 38~45센티미터
정도 자란다.

꽃은 여름에
연한 분홍색으로 핀다.

잎에는 미세한
돌기가 있다.

등화국 '핑크 비글'
Lampranthus blandus 'Pink Vygle'
—

꽃은 여름에 연한 분홍색으로 피며, 지름 2센티미터 정도다. 잎은 회록색이며 길이 1~5센티미터 정도다. 잎의 횡단면은 삼각형이며 잎 위쪽에 10개 정도의 뾰족한 톱니가 있다.

잎 위쪽에 톱니

꽃자루가 아주 짧다.

줄기가 땅을
덮으면서 자란다.

꽃잎은
활짝 펼쳐진다.

꽃은 지름
2센티미터 정도다.

수술대는 흰색이고
꽃밥은 노란색이다.

잎 위쪽에
보통 10개 정도의
뾰족한 톱니가 있다.

잎은 회록색이며
길이 1~5센티미터 정도다.

잎은 마주 달리며,
잎의 횡단면은 삼각형이다.

어린 가지는 둔한 4각이 지며
털이 없다.

줄기에서 곁가지가
많이 갈라진다.

줄기 길이 45~60센티미터 정도
자라는 다육 떨기나무다.

등화국 '핑크 비글'

꽃은 겨울에
연한 보라색으로 핀다.

잎은 미세한 털로
덮여 있다.

원종벽어연碧魚連
Lampranthus maximiliani
—

벽어연*Delosperma lehmannii*과 달리 식물 전체가 소형이고 잎과 줄기에 털이 있다.
잎의 길이는 1센티미터 미만으로 작다(벽어연은 2센티미터 정도). 꽃은 연한 보라
색이며, 꽃지름이 2센티미터 정도다.

꽃자루가
짧다.

수술

갈라진 잎겨드랑이 틈에서
꽃자루가 올라온다.

꽃잎은
활짝 펼쳐진다.

꽃의 지름은
약 2센티미터다.

수술대는 흰색이고
꽃밥은 노란색이다.

잎은 회록색이며,
세 개의 능선에는
연한 녹색 줄무늬가 있다.

잎의 길이는
1센티미터 미만으로 작다.

잎은
마주 달린다.

줄기는 누워
땅을 덮으면서 자란다.

줄기는 갈색이며
털이 많다.

줄기의 길이가
20센티미터 정도 자란다.

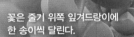

꽃은 줄기 위쪽 잎겨드랑이에
한 송이씩 달린다.

벽어연碧魚連

[레마니]

Delosperma lehmannii

—

높이 15~25센티미터, 줄기 길이가 30~40센티미터 정도 자란다. 줄기는 누워
땅을 덮으면서 자란다. 잎은 십자마주나며, 통통한 다육질이다. 잎은 청록색이
며 단면은 삼각형이다. 꽃의 지름은 25밀리미터 정도며 여름에 연한 노란색으
로 핀다.

잎은 두께가
8밀리미터 정도다.

꽃자루가
거의 없다.

줄기의 길이가
30~40센티미터 정도며,
줄기는 누워 땅을 덮으면서 자란다.

꽃은
여름에 핀다.

꽃은
연한 노란색으로 핀다.

꽃의 지름은
25밀리미터 정도다.

수술

잎의 횡단면은 삼각형이다.

잎은 길이 15~20밀리미터,
폭 12밀리미터 정도다.

잎은
십자마주난다.

나무처럼
단단한 줄기

약 15~25센티미터
높이로 자란다.

어린 줄기는 붉은색을 띠다가
점차 나무처럼 단단해진다.

꽃은
잎겨드랑이에 달린다.

화비조花飛鳥

[미광]

Delosperma aberdeenense

—

높이 10센티미터, 줄기 길이 22~30센티미터 정도 자라서 땅을 덮는다. 줄기가
처음에는 곧게 서지만 점차 아래로 늘어진다. 잎 표면은 약간 움푹 들어가고 뒷
면은 뾰족하게 도드라진다. 꽃은 분홍빛이 도는 보라색이며 지름이 2~3센티미
터 정도다.

잎 양면에는
털이 많다.

꽃자루에도
털이 있다.

꽃의 단면

잎 뒷면은
뾰족하게 도드라진다.

꽃은 분홍색이 도는
보라색으로 핀다.

꽃의 지름은
약 2~3센티미터다.

수술대는 흰색,
꽃밥은 노란색이다.

잎의 횡단면은
삼각형이다.

잎은 육질이며
마주 달린다.

잎의 길이는
3~4센티미터 정도다.

줄기는 누워
땅을 덮으면서 자란다.

어린 가지에
털이 많다.

높이 10센티미터,
줄기 길이 22~30센티미터
정도 자란다.

화비조

꽃은 잎겨드랑이에
한 송이씩 달린다.

화립花笠

[삼립ㄷ꾾 · 뇌동雷童 · 전동電童]

Delosperma echinatum

[Pickle Cactus · Ice Plant]

—

높이가 30~45센티미터 정도 자란다. 가느다란 줄기에 사마귀 같은 돌기와 가시
같은 털이 있다. 잎은 길이가 25밀리미터 정도다. 잎에는 투명한 돌기와 부드러
운 가시 같은 털이 빽빽하다.

잎에는 부드러운
가시 같은 털이 많이 있다.

수술

꽃자루가
거의 없다.

잎에
사마귀 같은 돌기

꽃은 황백색으로 핀다.

꽃의 지름은
20밀리미터 정도다.

수술

잎에는
사마귀 같은
돌기가 빽빽하다.

잎의 길이는
25밀리미터 정도다.

잎은 십자마주난다.

잎은
길둥근꼴楕圓形의 육질이고
끝은 둥글다.

줄기에 사마귀 같은 돌기와
가시 같은 털이 있다.

약 30~45센티미터
높이로 자란다.

꽃은 가지 끝에
한 송이씩 달린다.

드로산테뭄 칸덴스

[칸덴스]

Drosanthemum candens

—

잎은 길이 3~15밀리미터, 두께 1~2.2밀리미터 정도로 가느다란 둥근기둥꼴[圓柱形]이며 위로 선다. 잎에는 작은 돌기가 빽빽하다. 꽃잎의 길이는 8~14밀리미터이고 분홍색이지만 가끔 흰색인 경우도 있다.

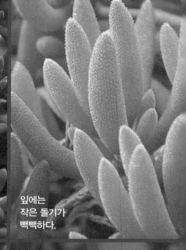

잎에는
작은 돌기가
빽빽하다.

꽃은 분홍색 또는
흰색으로 핀다.

수술

꽃자루가
거의 없다.

꽃은 분홍색이지만
가끔 흰색인 경우도 있다.

꽃잎의 길이는
8~14밀리미터 정도다.

수술

잎은 길이 3~15밀리미터,
두께 1~2.2밀리미터 정도다.

잎은 가느다란 둥근기둥꼴이며
위로 선다.

잎은 마주 달린다.

줄기는 누워
땅을 덮으면서
자란다.

잎은 마주 달리지만,
모여 달리는 것처럼 보인다.

높이 10센티미터
이하로 자라면서
옆으로 2미터까지 퍼진다.

꽃은 가지 위쪽
잎겨드랑이에 달린다.

화미생花彌生

Drosanthemum hispidum

—

높이 45~60센티미터, 너비 90센티미터 정도 자란다. 잎은 길이가 25밀리미터
정도며 둥근기둥꼴이다. 잎과 줄기는 반짝이는 이슬방울 같은 돌기로 덮여있다.

새로 돋는 잎

어린 열매

꽃밥은
흰색이다.

꽃자루가
긴 편이다.

꽃지름이
3~5센티미터 정도다.

수술

꽃은 봄에
자주색으로 핀다.

잎과 줄기는 반짝이는
이슬방울 같은 돌기로 덮여있다.

잎의 길이는
25밀리미터 정도다.

잎은 마주 달린다.

어린 가지에는
털이 있다.

곁가지가 많이 갈라져
덤불을 이룬다.

줄기는 가늘고
높이가 45~60센티미터
정도 자란다.

꽃은 늦가을에 흰색
또는 연한 노란색으로 핀다.

잎 표면에는
돌기가 없다.

군옥群玉

[아기발가락]

Fenestraria rhopalophylla

[Baby Toes]

—

줄기는 거의 없으며, 높이가 2센티미터 정도로 땅을 덮으면서 자란다. 잎은 곤봉
또는 아기 발가락 모양이다. 잎끝은 뭉뚝하며 편평하다. 꽃은 늦가을에 흰색 또
는 연한 노란색으로 핀다. 꽃의 지름은 약 4센티미터이다.

잎은 곤봉 또는
아기 발가락 모양이다.

꽃자루가
짧은 편이다.

꽃은 흰색 또는
연한 노란색으로 핀다.

꽃은 잎겨드랑이에
한 송이씩 핀다.

꽃의 지름은
4센티미터 정도다.

수술

잎끝은
뭉뚝하며
편평하다.

잎의 길이는
15밀리미터 정도다.

잎은 땅에서
촘촘하게 모여 난다.

잎끝은
편평하다.

땅을 덮으면서
자란다.

약 2센티미터
높이로 자란다.

군옥

꽃은
가을에 핀다.

잎끝은
약간 볼록하고
편평하다.

오십령옥五十鈴玉

[페네스트라리아 아우란티아카]

Fenestraria rhopalophylla subsp. aurantiaca
—

높이가 5센티미터 이하로 자란다. 손가락 모양의 짧고 두꺼운 잎이 모여서 나고,
잎끝은 약간 볼록하고 편평하다. 광옥光玉*Frithia pulchra*과 달리 잎이 좀더 긴 편이
고 돌기가 없어 매끈하다.

수술은
노란색이다.

꽃자루가
짧은 편이다.

꽃

꽃은
노란색으로 핀다.

꽃의 지름은
4센티미터 정도다.

암술과 수술

짧고 두꺼운 잎은
모여서 난다.

잎에 돌기가 없어
매끈하다.

잎끝은 지름이
1센티미터 정도다.

잎은
손가락 모양이다.

여러 포기가 모여서
무리지어 자란다.

높이가 5센티미터
이하로 자란다.

오십령옥

꽃은 잎겨드랑이에
한 송이씩 달리며
6~7월에 핀다.

광옥光玉

[프리티아 풀크라 · 아기발가락]

Frithia pulchra

—

잎은 손가락 모양이며 짧고 두껍다. 잎끝은 뭉뚝하고 약간 볼록하다. 꽃은 잎겨
드랑이에 한 송이씩 달리며 지름이 25~35밀리미터 정도다. 오십령옥*Fenestraria
aurantiaca*과 달리 잎에 미세한 돌기가 있다.

잎에 미세한
돌기가 있다.

꽃잎은
30~45개
정도다.

수술은
대부분 속 꽃잎으로
변한다.

꽃의 중심부는
황백색이다.

꽃은
자홍색으로 핀다.

꽃은 지름이
25~35밀리미터 정도다.

꽃의 중심부는
흰색 또는 황백색이다.

잎의 길이는
3센티미터 정도다.

뭉뚝한 잎끝은 지름이
1센티미터 정도다.

짧고 두꺼운 잎이
모여서 난다.

꽃 피는 모습

잎끝은
약간 볼록하다.

높이가 5센티미터
이하로 자란다.

꽃은 오후에
햇빛이 풍부할 때에
활짝 핀다.

자황성紫晃星

[트리코디아데마 덴숨 · 덴섬 · 선보仙寶 · 인보仁寶]

Trichodiadema densum

—

높이 5~10센티미터 정도다. 잎이 땅을 덮으면서 자란다. 덩이뿌리塊根가 땅 위
로 솟아오르기도 한다. 잎은 기다란 혹 모양이며 길이가 15~20밀리미터 정도
다. 잎끝에 약간 부드러운 가시가 20~25개 정도 있다.

가시는
약간 부드러운 편이다

꽃자루에
가시 같은 털이
촘촘하다.

잎이
땅을 덮으면서
자란다.

열매

꽃의 지름은
5센티미터 정도다.

꽃은
선명한 분홍색으로
핀다.

수술대는 흰색이고
꽃밥은 노란색이다.

잎은
기다란 혹 모양이다.

잎끝에는
가시 같은 돌기가 있다.

잎은 마주 달리며,
얼룩점이 많다.

잎끝에는
가시 같은 돌기가 20~25개 정도다.

잎은 기다란 혹 모양이며
길이가 15~20밀리미터 정도다.

높이가
5~10센티미터 정도 자라며,
덩이뿌리가 땅 위로
솟아오르기도 한다.

자황성

꽃은 잎겨드랑이에
한 송이씩 달리며
봄부터 가을까지 핀다.

화만초花蔓草

[썬로즈 · 압테니아]

Aptenia cordifolia

[Baby Sunrose · Dew Plant]

—

높이 15~30센티미터, 줄기 길이 45~60센티미터 정도 자란다. 잎은 길이 60밀리미터, 폭 25밀리미터 정도다. 꽃은 지름이 15밀리미터 정도며 봄~가을에 붉은색으로 핀다. 꽃은 정오에서 이른 오후에 활짝 핀다.

잎은
연한 초록색이다.

꽃은
잎겨드랑이에
달린다.

수술

꽃자루와 잎에 털이 없다.

꽃의 지름은
15밀리미터 정도다.

꽃은 정오에서
이른 오후에 활짝 핀다.

수술

잎은 길이 60밀리미터,
폭 25밀리미터 정도다.

잎은 달걀꼴이다.

잎은 십자마주난다.

줄기의 길이가
45~60센티미터 정도 자란다.

7월의 꽃

줄기는 사각이 지고
처음에는 곧추 서지만
점차 아래로 늘어진다.

여름에
컵 모양의 꽃이 핀다.

잎은 초록색이다.

녹비단綠緋緞

[금전목金錢木]

Portulaca molokiniensis

—

약 30~45센티미터 높이로 자란다. 줄기는 곧게 서며, 곁가지가 갈라지기도 한다. 잎은 둥글며 길이 4~5센티미터, 폭 2~5.5센티미터 정도다. 꽃의 지름은 약 3센티미터다. 여름에 컵 모양의 연한 레몬 빛 노란색 꽃이 핀다.

꽃자루가
거의 없다.

꽃은 연한 레몬 빛
노란색으로 핀다.

튀는열매蒴果이며
씨앗은 다수이다.

꽃의 지름은
3센티미터 정도다.

암술대가
수술보다 길다.

암술대

잎 표면은
약간 오목하다.

잎은 길이 4~5센티미터,
폭 2~5.5센티미터 정도다.

잎은 십자마주나며,
4줄로 배열된다.

줄기에
그물 모양網狀
줄무늬가 있다.

약 30~45센티미터
높이로 자란다.

나무 모양

꽃자루는
길이 10센티미터 정도다.

잎 양면에는
털이 없다.

취설송吹雪松

[희취설姬吹雪]

Anacampseros rufescens

—

높이 7~10센티미터 정도 자란다. 줄기가 빽빽하게 땅을 덮으면서 자란다. 줄기
에 실 모양의 흰색 털이 있다. 꽃은 늦은 봄부터 초여름 사이에 핀다. 꽃의 지름
은 2센티미터 정도며 약간의 향기가 있다.

꽃은 오후 늦은 시간에
분홍색으로 핀다.

암술머리는 흰색이며
세 갈래로 갈라진다.

새잎이 돋는 모습

꽃의 지름은
약 2센티미터
정도다.

꽃잎은 5개다.

꽃밥

암술머리

흰색 털

잎은 길이 20밀리미터,
폭 10밀리미터 정도다.

잎은 끝이 뾰족한
거꿀바소꼴이다.

줄기에 실 모양의
흰색 털이 있다.

높이가 7~10센티미터
정도 자란다.

줄기는
누워 자란다.

식물은 빽빽하게
땅을 덮으면서 자란다.

꽃은 줄기 위쪽에서
가느다란 둥근기둥꼴로 달린다.

큰 가시|central spine는
보통 네 개다.

백망룡白芒龍선인장

[취설주吹雪柱 · 실버 횃불 선인장]

Cleistocactus strausii

[Silver Torch Cactus]

—

새로 돋는 등줄기는 흰색이며 횃불 모양이다. 등줄기稜는 25줄 정도가 배열된다.
주변放射狀가시는 길이가 17밀리미터 정도다. 주변가시는 억센 털 같으며 흰색이
고 30~40개가 모여 난다. 큰 가시는 네 개가 모여 나며 길이가 20밀리미터 정도
고 황갈색이다.

줄기 위쪽에
모여 달리는 꽃

암술머리에
흰색 털이 많다.

줄기는 곧게 서며
둥근기둥꼴이다.

꽃의 길이는
7~9센티미터 정도다.

꽃은 봄에
붉은 색으로 핀다.

암술대

꽃덮이

암술대가
꽃덮이花被 밖으로
나온다.

큰 가시는 길이가
20밀리미터 정도다.

주변 가시는
길이가 17밀리미터 정도고
30~40개가 모여 난다.

줄기 지름은
4~8센티미터 정도다.

등줄기는
25줄 정도가
배열된다.

어린 등줄기의 가시는
흰색의 억센 털 같으며,
솜털처럼 보인다.

약 100~240센티미터
높이로 자란다.

꽃은 줄기 위쪽에서
가느다란 둥근기둥꼴로 핀다.

등줄기의 깊이가
얕은 편이다.

홍영주紅映柱선인장

[홍취설紅吹雪선인장]

Cleistocactus tupizensis

—

등줄기는 14~24줄 정도가 배열되며, 등줄기의 깊이가 얕은 편이다. 주변 가시는 길이가 30밀리미터 정도며 13~18개가 모여 난다. 주변 가시는 억센 털 같으며 황백색이다. 큰 가시는 두 개씩이며, 길이가 45밀리미터 정도고 암갈색이다.

둥근기둥꼴의 꽃

꽃덮이 밖으로
나오지 못하는 암술

줄기 위쪽에
모여 피는 꽃

꽃은 길이가
4~8센티미터
정도다.

꽃은 봄에
붉은색으로 핀다.

암술대가 꽃덮이 밖으로
나오지 못한다.

큰 가시는 두 개씩이며
길이가 45밀리미터 정도고
암갈색이다.

주변 가시는
길이가 30밀리미터 정도며
13~18개가 모여 나고,
억센 털 같으며 황백색이다.

줄기는
지름 6센티미터
정도 자란다.

땅에서
새 줄기가 나온다.

등줄기는
14~24줄 정도가 배열된다.

약 150센티미터
높이로 자란다.

꽃은 봄에
주황색으로 핀다.

등줄기의 깊이가
얕은 편이다.

황금주黃金柱선인장

[생쥐꼬리 선인장 · 황금유黃金紐]

Cleistocactus winteri

[Golden Rat Tail]

—

줄기는 모여서 무리지어 자라며 둥근기둥꼴이다. 등줄기는 16~17줄이 배열된
다. 주변 가시는 길이가 4~10밀리미터 정도고, 30개가 모여 나며 사방으로 뻗는
다. 큰 가시는 20개 정도가 모여 나며 노란색이다.

꽃은 줄기 끝이 아닌
중간 쯤에 달린다.

속꽃덮이가 있다.

암술머리

수술대

꽃의 지름은
5센티미터 정도다.

암술대

수술대

꽃은 길이 5~6센티미터
정도다.

줄기의 지름은
2~3센티미터
정도 자란다.

큰 가시는
20개 정도며
황갈색이다.

주변 가시는
길이가 4~10밀리미터 정도고
30개가 모여 난다.

새로 돋는 줄기

줄기 길이가
90~150센티미터
정도 자란다.

등줄기는
16~17줄이 배열된다.

꽃은 줄기 위쪽에 달리며,
둥근기둥꼴로 핀다.

가시가 오래되면
점차 검은색으로 바뀐다.

천환薦丸선인장

[화왕용花王龍 · 적자해담赤刺海膽]

Denmoza rhodacantha
—

줄기는 처음에는 공 모양이다가 점차 둥근기둥꼴로 바뀐다. 등줄기는 15~30줄
정도가 배열된다. 큰 가시는 없거나 1~2개이며 길이가 20~30밀리미터 정도다.
주변가시는 8~12개가 모여 나며 길이가 15~25밀리미터 정도다.

암술

꽃은 줄기 위쪽에
모여 핀다.

큰 가시

꽃의 길이는
7센티미터 정도다.

꽃은 5~6월에
진홍색으로 핀다.

암술과 수술

큰 가시는 없거나 1~2개이며,
길이가 20~30밀리미터 정도다.

주변 가시는 8~12개가 모여 나며,
길이가 약 15~25밀리미터다.

줄기 지름이
20~30센티미터
정도 자란다.

줄기는 처음에 공 모양이다가
점차 둥근기둥꼴로 바뀐다.

등줄기는
15~30줄 정도가 배열된다.

높이가
150센티미터
정도 자란다.

천환선인장

꽃은 봄~여름에 밝은
붉은색으로 핀다.

금유金紐선인장

[금끈金紐 · 쥐꼬리선인장 · 귀유주鬼紐柱 · 세주細柱]

Disocactus flagelliformis

[Rat Tail Cactus]

—

줄기는 길게 늘어지며 길이 120센티미터, 줄기 지름이 10~25밀리미터 정도다.
등줄기는 7~14줄이 배열된다. 큰 가시는 길이가 7밀리미터 정도고 4~5개 정도
가 모여 난다. 주변 가시는 6~8개 정도가 모여 나며 길이가 3~6밀리미터 정
도다.

등줄기의 깊이가
얕은 편이다.

암술은
수술보다 길다.

가시는
황백색이다.

줄기는 아래로 길게 늘어지거나
땅을 기어가며 자란다.

꽃은 길이가
6〜7센티미터 정도다.

꽃의 지름은
4〜6센티미터 정도다.

암술과 수술

큰 가시는 길이가
약 7밀리미터고,
4〜5개 정도가 모여 난다.

줄기의 지름은
10〜25밀리미터 정도다.

주변 가시는 6〜8개가 모여 나며
길이가 3〜6밀리미터 정도다.

등줄기는
7〜14줄이 배열된다.

줄기는
아래로 늘어진다.

줄기는 길게 늘어지며
길이가 120센티미터
정도 자란다.

꽃은 여름에
분홍색으로 핀다.

유귀주由貴柱선인장

Arrojadoa rhodantha

—

줄기는 원기둥 모양이고, 보통 모여서 무리지어 자란다. 등줄기는 보통 10~12줄
이 배열된다. 큰 가시는 보통 5~6개 정도며 길이가 30밀리미터 정도다. 주변 가
시는 길이가 12밀리미터 정도고 보통 20개 정도가 모여 난다.

등줄기의 깊이가
얕은 편이다.

줄기는
대부분
곧게 선다.

꽃

큰 가시는 회백색이고
가시 끝은 검은색이다.

꽃의 길이는
35밀리미터 정도다.

꽃의 지름이
12밀리미터 정도다.

꽃

큰 가시는 보통 5~6개 정도며,
길이가 30밀리미터 정도다.

주변 가시는 길이가
12밀리미터 정도고,
보통 20개 정도가 모여 난다.

줄기의 지름은
2~3센티미터
정도 자란다.

새로 돋는 줄기

등줄기는
보통 10~12줄이
배열된다.

약 2미터
높이로 자란다.

꽃은 줄기 위쪽에 달리며
암적색으로 여름밤에 핀다.

대봉룡大鳳龍선인장

Neobuxbaumia polylopha
—
줄기는 원기둥 모양으로 전봇대처럼 곧게 선다. 등줄기는 10~30줄이 배열되고
큰 가시는 없거나 한 개씩이며 길이가 60~70밀리미터 정도다. 주변 가시는 보통
4~8개가 모여 나며 길이가 약 20밀리미터다.

등줄기의 깊이가
얕은 편이다.

꽃은 둥근기둥꼴로 달린다.

꽃봉오리

꽃이 피기 전 모습

꽃의 길이는
40〜60밀리미터 정도다.

꽃의 지름은
30〜35밀리미터 정도다.

꽃

큰 가시는 없거나 한 개씩이며,
길이가 60〜70밀리미터 정도다.

주변 가시는
보통 4〜8개가 모여 나며
길이 20밀리미터 정도다.

줄기 지름이
30〜35(〜50)센티미터
정도 자란다.

등줄기는
10〜30줄이
배열된다.

약 7〜12(〜15)미터
높이로 자란다.

등줄기

꽃은 늦봄~초여름에
흰색으로 단 하룻밤만 꽃이 핀다.

귀면각鬼面閣선인장

[밤의 여왕 · 연성각]

Cereus hildmannianus

—

줄기는 곧게 서며 원기둥 모양이다. 등줄기는 보통 7(5~9)줄이 배열되고 큰 가시
는 한 개이며 길이는 2센티미터 정도다. 주변 가시는 없거나, 보통 5~6개가 모여
나며 길이가 1센티미터 정도다.

등줄기의 깊이가
깊은 편이다.

밤에 피었다가,
다음날 아침 11시에
꽃이 시드는 모습

꽃봉오리

꽃받침은 초록색이다.

꽃의 길이는
16~20센티미터 정도다.

꽃은 밤에 피었다가
다음날 아침에 시든다.

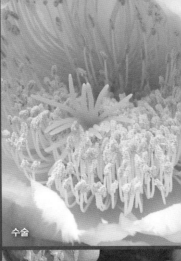

수술

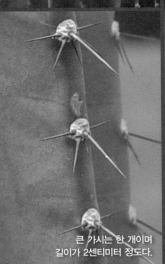

큰 가시는 한 개이며
길이가 2센티미터 정도다.

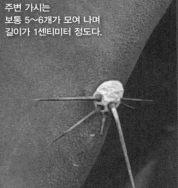

주변 가시는
보통 5~6개가 모여 나며
길이가 1센티미터 정도다.

줄기 지름이
10~20센티미터
정도 자란다.

등줄기는
보통 7(5~9)줄이
배열된다.

새로 돋는 줄기는
회청록색이다.

약 3미터 높이로 자라며,
곁가지가 많이 갈라진다.

귀면각선인장

꽃은 늦봄~초여름에
연한 분홍색으로 핀다.

큰 가시는
보통 한 개다.

열침주烈針柱선인장

[유력주有力柱]

Cereus validus

—

줄기는 곧게 서고 원기둥 모양이다. 등줄기는 보통 4~8줄이 배열된다. 큰 가시
는 보통 한 개이며 길이가 4~5센티미터 정도다. 주변 가시는 보통 5(4~7)개가
모여 나며 길이가 13밀리미터 정도다.

꽃

꽃봉오리

꽃자루가
길다.

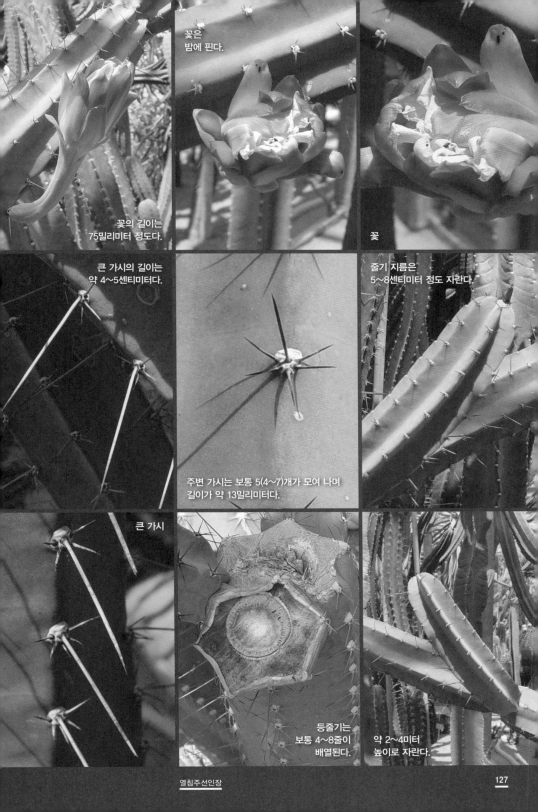

꽃은
밤에 핀다.

꽃의 길이는
75밀리미터 정도다.

꽃

큰 가시의 길이는
약 4~5센티미터다.

줄기 지름은
5~8센티미터 정도 자란다.

주변 가시는 보통 5(4~7)개가 모여 나며
길이가 약 13밀리미터다.

큰 가시

등줄기는
보통 4~8줄이
배열된다.

약 2~4미터
높이로 자란다.

꽃은 초여름에
흰색으로 핀다.

근위주近衛株선인장

[이쑤시개선인장]

Stetsonia coryne

[Toothpick cactus]

—

줄기는 곧게 서며, 곁가지가 많이 갈라진다. 등줄기는 8~9줄이 배열되며 깊이가
10~15밀리미터 정도다. 큰 가시는 한 개고 길이가 5센티미터 정도다. 주변 가시
는 보통 7~9개가 모여 나며 길이는 3센티미터 정도다.

주변 가시는 길이가
3센티미터 정도다.

꽃자루가
길다.

암술과
수술

등줄기의 깊이가
깊은 편이다.

꽃자루의 길이는
15센티미터 정도다.

꽃의 지름은
약 10~11센티미터다.

암술과
수술

큰 가시는 한 개고
길이가 5센티미터 정도다.

주변 가시는
보통 7~9개가
모여 난다.

줄기 지름이
40센티미터까지도
자란다.

등줄기는 깊이가
10~15밀리미터 정도다.

등줄기는
8~9줄이 배열된다.

약 2~8미터
높이까지도 자라며,
곁가지가 많이 갈라진다.

근위주선인장

꽃은 봄~여름 밤에 피며
향기가 있다.

용과龍果선인장

[밤의 여왕 · 백련각白蓮閣 · 백육종白肉種]

Hylocereus undatus

[Queen of the Night · Night Blooming Cereus]

—

줄기는 옆으로 퍼지거나, 공기뿌리가 발달하여 다른 나무나 바위에 붙어서 자란
다. 등줄기는 3줄이며, 깊이가 깊다. 가시는 1~3(~5)개가 모여 나며 보통 길이가,
2~3(~10)밀리미터 정도다.

등줄기는
3줄 씩이며
깊이가 깊다.

꽃은 밤에 핀다.

꽃봉오리

등줄기는
날개 같은 물결 모양이다.

꽃은
황백색으로 핀다.

꽃의 길이는
25~35센티미터
정도다.

암술과 수술

가시는 1~3(~5)개가
모여 난다.

줄기의 지름은
40~75밀리미터
정도 자란다.

가시는 보통 길이가
2~3(~10)밀리미터 정도다.

줄기에 공기뿌리가 발달하여
다른 나무나 바위에 붙어서 자란다.

등줄기는
3줄이다.

줄기의 길이가
5~10미터 이상 자란다.

꽃은 보통 봄에
붉은색으로 낮에 핀다.

공작孔雀선인장

Epiphyllum hybrid

—

줄기는 납작하고 길이 45~90센티미터, 폭 70~85밀리미터 정도 자란다. 줄기는 아래로 늘어지고, 줄기 가장자리는 물결 모양이다. 줄기에는 보통 가시가 없지만, 어린 줄기에는 길이 10밀리미터 정도의 회백색 가시가 약간 있다. 100~200여 종의 교배종 품종이 있다.

가시는
점차 없어진다.

꽃은 낮에 핀다.

암술이
수술보다
길다.

꽃자루가
길다.

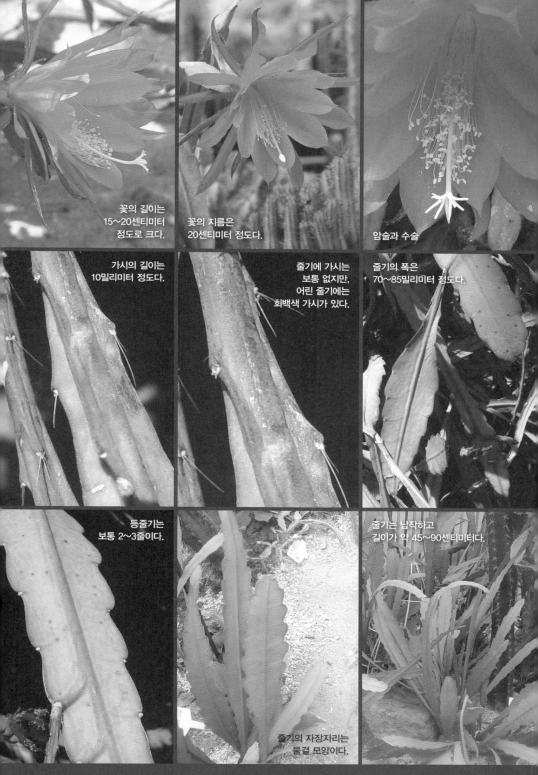

꽃의 길이는
15~20센티미터
정도로 크다.

꽃의 지름은
20센티미터 정도다.

암술과 수술

가시의 길이는
10밀리미터 정도다.

줄기에 가시는
보통 없지만,
어린 줄기에는
회백색 가시가 있다.

줄기의 폭은
70~85밀리미터 정도다.

등줄기는
보통 2~3줄이다.

줄기는 납작하고
길이가 약 45~90센티미터다.

줄기의 자장자리는
물결 모양이다.

꽃은 겨울(11~2월)에
붉은색, 주홍색, 자주색,
분홍색 등 다양한 색으로 핀다.

줄기마디는 게
발 모양이다.

게발선인장

[해족선인장蟹足仙人掌]

Zygocactus truncatus

―

줄기는 아래로 늘어지고 납작하며 게 발 모양이다. 줄기 가장자리에 2~4개의 톱
니 모양의 육질 돌기가 있다. 꽃은 겹꽃이며 꽃덮이조각은 뒤로 젖혀진다. 꽃은
길이 7~12센티미터, 지름 45밀리미터 정도다.

꽃덮이는
두 줄로 배열된다.

암술대는
약간 꼬부라진다.

줄기는
아래로 늘어진다.

꽃은 겹꽃이며
꽃덮이조각은 뒤로 젖혀진다.

꽃은 길이 7~12센티미터,
지름 45밀리미터 정도다.

암술과
수술

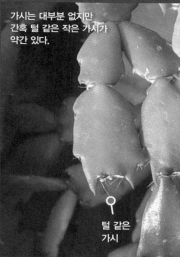

가시는 대부분 없지만
간혹 털 같은 작은 가시가
약간 있다.

돌기

줄기마디 가장자리에
2~4개의 톱니 모양의
육질 돌기가 있다.

털 같은
가시

줄기마디分節는
길이 45밀리미터,
폭 25밀리미터 정도다.

줄기는 모여서
무리지어 자라며
덤불을 이룬다.

줄기는 아래로 늘어지고
납작하며 게 발 모양이다.

줄기의 길이는
30~45센티미터
정도 자란다.

부활절선인장

[게발선인장]

Hatiora gaertneri

[Easter Cactus]

—

어린 줄기는 곧게 서지만 점차 아래로 늘어지게 된다. 줄기마디는 길둥근꼴이며 길이 30~40밀리미터, 폭 20~25밀리미터 정도다. 줄기마디 가장자리에 10개 정도의 둔한 톱니가 있다. 줄기 가시자리刺座에 부드러운 털 같은 가시가 약간 있다. 꽃은 봄(3~4월)에 붉은색, 주홍색, 흰색, 분홍색 등 다양한 색으로 핀다.

꽃은 봄(3~4월)에 붉은색, 주홍색, 흰색, 분홍색 등 다양한 색으로 핀다.

줄기마디는 길둥근꼴이다.

꽃 피는 모습

분홍색 꽃

암술과 수술

꽃의 길이는
3센티미터 정도다.

꽃의 지름은
5센티미터 정도다.

암술과 수술

줄기마디는
길이 30∼40밀리미터,
폭 20∼25밀리미터 정도다.

줄기마디 가장자리에
10개 정도의 둔한 톱니가 있다.

가시자리에
부드러운 털 같은
가시가 약간 있다.

어린 줄기마디

어린 줄기마디는 곧게 서지만
점차 아래로 늘어지게 된다.

줄기의 길이는
30∼45센티미터
정도 자란다.

꽃은 봄~초여름에
줄기 끝에 노란색으로 핀다.

줄기마디

원연위猿戀葦선인장

[하티오라 살리코르니오이데스 · 향신료선인장 · 오월우五月雨]

Hatiora salicornioides

[Spice Cactus · Drunkard's Dream]

—

줄기의 길이는 38~60센티미터까지 자라며 곁가지가 많이 갈라진다. 줄기마디
는 콜라 병 모양이며 길이 15~50밀리미터, 지름 4~7밀리미터 정도다. 나무나
바위에 붙어서 살아가는 식물이며 줄기는 아래로 늘어지고 가시는 없다.

꽃은 줄기마디
끝에 달린다.

꽃봉오리

꽃

꽃의 길이는
12밀리미터 정도다.

꽃의 지름은
약 12밀리미터다.

암술머리는
흰색이다.

줄기마디는
콜라 병 모양이다.

줄기마디는
길이 15~50밀리미터,
지름 4~7밀리미터 정도다.

줄기에서 곁가지가
많이 갈라진다.

곁가지가
갈라지는 모습

오래된 줄기는
회색이다.

줄기의 길이는
38~60센티미터까지
자란다.

광산光山선인장
Leuchtenbergia principis
[Agave Cactus]
—
높이 30～35(～70)센티미터, 포기 지름 25센티미터 정도로 자란다. 혹줄기의 길이는 10～15센티미터 정도도. 혹줄기 끝 부분頂端에 길이 10센티미터 정도의 큰 가시와, 길이 5센티미터 정도의 주변가시가 모여 달린다. 뿌리는 덩이뿌리다.

꽃은 여름에
연한 노란색으로 핀다.

주변가시
(5센티미터)

큰 가시
(10센티미터)

암술과 수술

혹줄기는
흰 가루로 덮인
청록색이다.

꽃은
혹줄기 끝에
달린다.

꽃의 지름은
5~6센티미터 정도다.

꽃은
혹줄기 끝에 달린다.

암술

수술

큰 가시

가시는
부드럽다.

큰 가시는 1~2개고,
주변가시는 막질膜質이며
8~14개가 모여 달린다.

포기 지름이
25센티미터 정도다.

혹줄기의 횡단면은
삼각형이다.

혹줄기의 길이는
10~15센티미터 정도다.

약 30~35(~70)센티미터
높이로 자란다.

꽃은 초여름에
크림빛이 도는
황백색으로 핀다.

선인각仙人閣선인장

Myrtillocactus schenckii

[Garambullo]

—

등줄기는 보통 7~8줄이 배열된다. 큰 가시는 없거나 한 개이며, 길이가 20~50
밀리미터 정도다. 주변가시는 보통 6~10개가 모여 나며, 길이가 5~12밀리미터
정도다.

큰 가시는 길이가
20~50밀리미터 정도다.

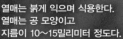

꽃은 줄기 위쪽에
모여 달린다.

등줄기는
7~8줄이 배열된다.

열매는 붉게 익으며 식용한다.
열매는 공 모양이고
지름이 10~15밀리미터 정도다.

꽃의 길이는
40밀리미터 정도다.

꽃의 지름은
40밀리미터 정도다.

암술과 수술

큰 가시는
없거나 한 개다.

줄기 지름이
10센티미터 정도다.

주변가시는
보통 6~10개가 모여 나며,
길이가 5~12밀리미터 정도다.

등줄기의 깊이가
깊은 편이다.

약 4~5미터
높이로 자란다.

등줄기 숫자
선인각: 7~8줄
오사수: 6~9줄
용신목: 5~6줄

꽃은 봄에
초록빛이 도는
흰색으로 핀다.

큰 가시는
없거나 한 개다.

오사수烏沙樹선인장

Myrtillocactus cochal

—

등줄기는 보통 6∼9줄이 배열된다. 큰 가시는 없거나 한 개이며, 길이가 20(∼40)
밀리미터 정도다. 주변가시는 보통 5∼10개가 모여 나며, 길이가 5∼15밀리미터
정도다.

꽃덮이는
뒤로 젖혀진다.

등줄기의 깊이가
깊은 편이다.

암술과 수술

꽃의 길이는
25밀리미터 정도다.

꽃은 지름이
25~30밀리미터 정도다.

암술과 수술

큰 가시는 길이가
20(~40)밀리미터 정도다.

주변가시는
보통 5~10개가 모여 나며,
길이가 약 5~15밀리미터다.

줄기의
지름이 7~9센티미터
정도 자란다.

큰 가시 끝은
검은색이다.

등줄기 숫자
오사수: 6~9줄
선인각: 7~8줄
용신목: 5~6줄

약 1~3미터
높이로 자란다.

꽃은 봄에 초록빛이 도는
흰색으로 핀다.

용신목龍神木선인장

[파란양초 · 월귤나무선인장]

Myrtillocactus geometrizans

[Blue Candle]

—

등줄기는 보통 5~6줄이 배열된다. 큰 가시는 한 개이며, 길이가 10~70밀리미터
정도다. 주변가시는 3~5(~9)개가 모여 나며, 길이가 2~10밀리미터 정도다.

등줄기의 깊이는
깊은 편이다.

열매는
적자색으로 익는다.

어린 가시

암술과 수술

꽃의 길이는
20밀리미터 정도다.

꽃의 지름은
25~35밀리미터 정도다.

암술과 수술

큰 가시는 한 개씩이며
길이가 10~70밀리미터 정도다.

주변가시는 3~5(~9)개가 모여 나며
길이가 2~10밀리미터 정도다.

주변가시

큰 가시

줄기 지름이
7~10센티미터
정도 자란다.

줄기에서 곁가지가
불규칙하게 갈라진다.

등줄기 숫자
용신목: 5~6줄
오사수: 6~9줄
선인각: 7~8줄

약 4~5미터
높이로 자란다.

꽃은 6월에
노란색으로 핀다.

가시는 흰색 또는 흑갈색이며
구부러지고 약간 연하다.

군봉옥群鳳玉선인장

Astrophytum capricorne var. senile

[Astrophytum senile]

—

등줄기는 보통 8~11줄이 배열된다. 가시의 길이는 5~7(~10)센티미터 정도며
보통 15~20(~30)개가 모여 나지만 일정하지 않다. 가시는 흰색 또는 흑갈색이
며 뒤틀리고 약간 연하다.

등줄기의 깊이가
얕은 편이다.

꽃은 줄기 위쪽에 달린다.

암술과
수술

꽃은
깔때기 모양이다.

꽃의 지름은
5~7센티미터 정도다.

꽃의 중심부는
붉은색이다.

가시의 길이는
5~7(~10)센티미터 정도다.

가시는 보통 15~20(~30)개가
모여 나지만 일정하지 않다.

줄기의 지름이
15센티미터 정도 자란다.

가시는 흰색의 가시자리에
모여 난다.

약 35센티미터
높이로 자란다.

등줄기는
보통 8~11줄이
배열된다.

꽃은 봄~여름에
노란색으로 핀다.

서봉옥瑞鳳玉선인장

[염소뿔선인장]

Astrophytum capricorne

[Goat's Horns]

—

높이 25~60센티미터, 줄기 지름 10~15센티미터 정도 자란다. 등줄기는 7~9
줄이 배열된다. 등줄기는 뾰족하고 흰색 얼룩점 같은 솜털이 촘촘하다. 가시의 길
이는 4~7센티미터 정도며 5~10개가 모여 난다.

등줄기에
흰색 얼룩점 같은 솜털이
촘촘하다.

꽃은
줄기 위쪽에
달린다.

꽃의 중심부는
붉은색이다

등줄기는 뾰족하며,
깊이가 깊은 편이다.

꽃은 깔때기 모양이다.

꽃의 지름은
10~11센티미터 정도다.

암술과 수술

가시의 길이는
4~7센티미터 정도다.

가시는
5~10개가
모여 난다.

줄기의 지름은
10~15센티미터 정도 자란다.

가시자리

등줄기는
7~9줄이 배열된다.

가시자리는
흰색 솜뭉치처럼 보인다.

높이가
25~60센티미터
정도 자란다.

서봉옥선인장

꽃은
봄에 황백색으로 핀다.

등줄기에
흰색 얼룩점이
비스듬히 줄무늬를
이룬다.

반야般若선인장

[수도사의 두건 · 장식옥裝飾玉]

Astrophytum ornatum

[Monk's Hood]

—

등줄기는 5~10줄이 배열된다. 등줄기에 흰색 얼룩점이 비스듬히 줄무늬를 이룬다. 등줄기는 수직으로 곧지만, 가끔 나사 모양螺旋狀으로 약간 휘기도 한다. 큰 가시는 한 개이며, 길이가 4센티미터 정도다. 주변가시는 5~11개가 모여 달리며 길이가 35밀리미터 정도다.

꽃은 줄기 위쪽에 달린다.

꽃은
밝은 황백색으로 핀다.

가시자리는
흰색 솜털처럼 보인다.

꽃은 깔때기
모양으로 핀다.

꽃의 지름은
7~9센티미터 정도다.

암술과 수술

큰 가시는 한 개이며,
길이가 4센티미터 정도다.

주변가시는 5~11개가 모여 달리며,
길이가 35밀리미터 정도다.

줄기 지름이
15~30센티미터 정도 자란다.

등줄기는
수직으로 곧지만,
가끔 나사 모양으로
약간 휘기도 한다.

등줄기는
5~10줄이
배열된다.

높이가
30~120센티미터
정도 자란다.

꽃은 초여름에
연한 노란색으로 핀다.

가시는 노란색에서
점차 검은색으로 변한다.

금자반야錦刺般若 선인장

[황자반야黃刺般若]

Astrophytum ornatum var. mirbelii

—

등줄기는 5~10줄이 배열된다. 등줄기에 흰색 얼룩점처럼 보이는 솜털이 촘촘하다. 가시는 보통 3~11개가 모여 달리며, 길이가 25~30밀리미터 정도다.

꽃은 줄기 위쪽에 달린다.

꽃의 중심부는
노란색이다.

줄기는 1개씩 자라며,
공 모양에서 점차
짧은 둥근기둥꼴로
변한다.

꽃의 지름은
6~10센티미터 정도다.

꽃은
깔때기 모양이다.

암술과 수술

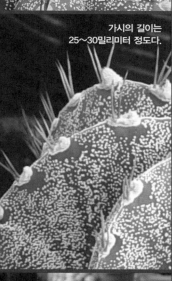

가시의 길이는
25~30밀리미터 정도다.

가시는
보통 3~11개가
모여 난다.

줄기 지름은
15~20센티미터
정도 자란다.

등줄기에
흰색 얼룩점처럼 보이는
솜털이 촘촘하다.

등줄기는
5~10줄이
배열된다.

높이가
30~45센티미터
정도다.

꽃은 봄에 연한
노란색으로 핀다.

청반야靑般若 선인장

[녹반야綠般若]

Astrophytum ornatum var. glabrescens
—

등줄기는 5~10줄이 배열된다. 등줄기에 흰색 얼룩점이 거의 없고 등줄기는 수
직으로 곧지만, 가끔 나사 모양으로 약간 휘기도 한다. 큰 가시는 한 개이며, 주
변가시는 5~11개가 모여 난다. 큰 가시는 길이 3~4센티미터, 주변가시는 길이
35밀리미터 정도다.

등줄기는 뾰족하며,
깊이가 깊은 편이다.

꽃은
연한 노란색으로 핀다.

꽃은 줄기 위쪽에
모여서 달린다.

줄기는 한 개씩 자라며,
공 모양에서 점차 짧은
둥근기둥꼴로 변한다.

꽃은 깔때기 모양이다.

꽃의 지름은
약 7~9센티미터다.

암술과 수술

큰 가시는
길이 3~4센티미터,
주변가시는
길이 35밀리미터 정도다.

주변가시는
5~11개가
모여 난다.

줄기의 지름은
15~20센티미터
정도 자란다.

가시는
황갈색에서
점차 검은색으로
변한다.

등줄기는
5~10줄이
배열된다.

높이가
30~45센티미터
정도 자란다.

꽃은 봄~여름에
연한 노란색으로 핀다.

다릉반야多稜般若선인장

Astrophytum ornatum var. multicostatum

—

높이 15센티미터, 줄기 지름 14센티미터 정도 자란다. 등줄기는 보통
7~8(6~10)줄이 배열된다. 등줄기는 뾰족하고 둥글다. 보통 가시는 없지만
0~12개 정도가 모여 달리기도 한다. 가시의 길이는 10~15밀리미터 정도다.

등줄기는 뾰족하며,
깊이가 아주 깊다.

암술은 길게
수술 위로 나온다.

꽃은
줄기 위쪽에
달린다.

암술과 수술

암술과 수술

꽃잎은
활짝 펼쳐진다.

꽃의 지름은
5센티미터 정도다.

가시는 보통 없지만
0~12개 정도가 모여
달리기도 한다.

가시의 길이는
10~15밀리미터 정도다.

줄기의 지름이
14센티미터 정도다.

줄기는 모여서
공 모양이다.

등줄기는
보통 7~8(6~10)줄이
배열된다.

높이가
15센티미터 정도다.

꽃은 봄에
연한 노란색으로
핀다.

등줄기에
흰색 얼룩점이 많아서
백록색으로 보인다.

난봉각鸞鳳閣선인장

Astrophytum myriostigma var. columnare

[Bishop's Miter · Bishop's Cap]

—

등줄기는 5~8줄이 배열된다. 등줄기에 흰색 얼룩점이 많아서 백록색으로 보인다. 가시자리는 능선을 따라 배열된다. 줄기에 가시가 없다.

꽃은 줄기 위쪽에
모여 달린다.

꽃은
연한 노란색으로
핀다.

꽃봉오리는
붉은색 빛이 돈다.

꽃잎에
약간의 광택이 있다.

꽃의 지름은
25밀리미터 정도다.

암술과 수술

줄기에는
가지가 없다.

줄기의 지름이
5~18센티미터
정도 자란다.

가시자리는 능선을 따라
줄무늬처럼 배열된다.

등줄기는
5~8줄이
배열된다.

높이가
25~90센티미터
정도 자란다.

등줄기의 깊이는
보통이다.

난봉각선인장

꽃은 여름에
광택이 있는
노란색으로 핀다.

난봉옥鸞鳳玉선인장

[란봉옥 · 주교모자主教冠]

Astrophytum myriostigma

[Bishop's Miter]

—

등줄기는 4~7줄이 배열된다. 등줄기는 회청색 바탕에 흰색 얼룩점이 많다. 등줄기는 곧으며 넓은 삼각형이다. 줄기에 가시는 없다.

등줄기는
곧고 넓은 삼각형이다.

꽃은 줄기 위쪽에
모여 달린다.

꽃의 중심부는
연한 노란색이다.

꽃봉오리

꽃에는
향기가 있다.

꽃의 지름은
4~7센티미터 정도다.

암술과 수술

등줄기는 회청색이며
흰색 얼룩점이 많다.

줄기에
가시가 없다.

줄기의 지름은
10~20센티미터
정도 자란다.

가시자리

가시자리

등줄기는
4~7줄이
배열된다.

높이가 20~60센티미터
정도 자란다.

새김눈

꽃은 여름에 광택이 있는
노란색으로 핀다.

새김눈

구갑난봉옥 龜甲鸞鳳玉 선인장
Astrophytum myriostigma 'Kikko Hekiran'

—

등줄기는 4~6줄이 배열된다. 등줄기는 회청색이며 새김눈이 발달한다. 난봉옥
선인장*A. myriostigma*과 달리 줄기에 새김눈이 발달하는 특징이 있다.

등줄기는 회청색이며
새김눈notch이 발달한다.

꽃은 줄기 위쪽에 달린다.

새김눈

가시자리

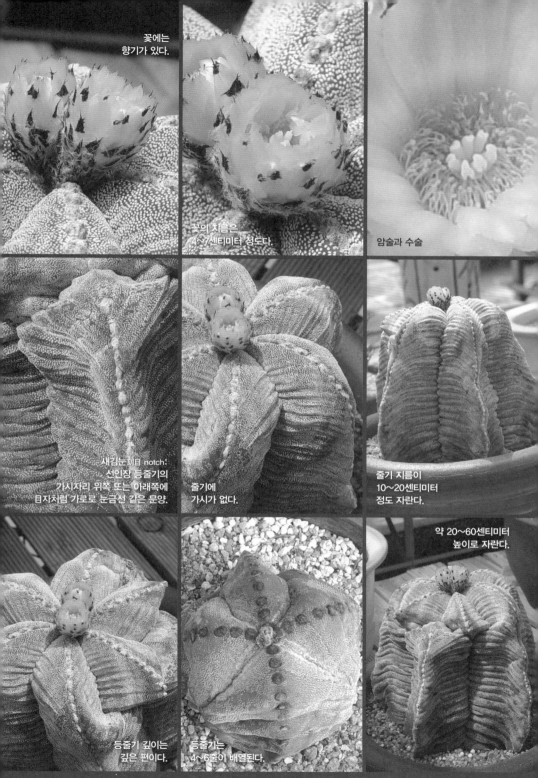

꽃에는
향기가 있다.

꽃의 지름은
4~7센티미터 정도다.

암술과 수술

새김눈체목 notch:
선인장 등줄기의
가시자리 위쪽 또는 아래쪽에
타자처럼 가로로 눈금선 같은 문양.

줄기에
가시가 없다.

줄기 지름이
10~20센티미터
정도 자란다.

등줄기 깊이는
깊은 편이다.

등줄기는
4~6줄이 배열된다.

약 20~60센티미터
높이로 자란다.

구갑난봉옥선인장

165

꽃은 봄에
연한 노란색으로 핀다.

가시가 많지 않다.

청난봉옥靑鸞鳳玉선인장

[벽유리난봉옥碧瑠璃鸞鳳玉]

Astrophytum myriostigma var. nudum

—

높이 50~120센티미터, 줄기 지름 15~17센티미터 정도 자란다. 등줄기는 보통
5(3~8)줄이 배열된다. 등줄기는 초록색이며 흰색 얼룩점이 거의 없다. 등줄기는
수직으로 곧지만 가끔 나사 모양으로 약간 휘기도 한다.

꽃은 줄기 위쪽에
모여 달린다.

꽃의 중심부는 연한 노란색이다.

가시자리에 난 가시

꽃은 줄기 위쪽에
모여 핀다.

꽃은 지름
5센티미터 정도다.

암술과 수술

가시는 길이
10〜20밀리미터 정도다.

가시자리

줄기 지름
15〜17센티미터 정도
자란다.

가시자리

등줄기는 보통
5(3〜8)줄이
배열된다.

가시자리는 잎줄기 능선에
줄지어 있다.

높이
50〜120센티미터 정도
자란다.

꽃은 여름에
줄기 위쪽에서 핀다.

난봉옥鸞鳳玉선인장 '푸쿠류 누둠'

[복륭난봉옥複隆鸞鳳玉]

Astrophytum myriostigma cv. Fukuryu nudum

―

줄기는 납작한 공 모양이며 한 포기씩 자란다. 등줄기는 5~6줄이 배열된다. 등
줄기에 사마귀 모양의 작은 돌기가 불규칙하게 있는 특징이 있다. 등줄기는 초록
색이며 가시가 없다.

가시자리에
가시가 없다.

납작한 공모양이며,
한 포기씩 자란다.

꽃의 중심부는
연한 노란색이다.

돌기

등줄기에 사마귀 모양의
착은 돌기가
불규칙하게 있는 특징이 있다.

꽃의 지름은
5~6센티미터 정도다.

꽃은
연한 노란색으로 핀다.

암술과 수술

등줄기에
흰색 얼룩점이 없다.

가시자리는
두 줄로 나란히
배열된다.

줄기 지름이
8센티미터 정도다.

가시자리

등줄기 깊이는
얕은 편이다.

등줄기는
5~6줄이 배열된다.

높이가
5센티미터 정도 자란다.

난봉옥선인장 '푸쿠류 누둠'

꽃은 여름에
연한 노란색으로 핀다.

녹서봉두綠瑞鳳兜선인장

[캅−아스 '그린']

***Astrophytum hybrid* CAP~AS 'Green'**

—

줄기는 공 모양이며 모여서 무리지어 자란다. 등줄기는 8줄이 배열된다. 등줄기에 흰색 얼룩점이 거의 없다. 가시는 보통 0~12개가 모여 나며 길이가 20밀리미터 정도다.

등줄기에
흰색 얼룩점이
거의 없다.

줄기는
모여서 자란다.

꽃의 중심부는
붉은색이다.

등줄기 깊이는
얕은 편이다.

꽃은 깔때기 모양이다.

꽃의 지름은
6센티미터 정도다.

암술과 수술

가시는
보통 0~12개가
모여 난다.

줄기의 지름은
6~8센티미터
정도 자란다.

가시의 길이는
20밀리미터 정도다.

줄기는 공 모양이며 모여서
무리지어 자란다.

높이가
10~12센티미터
정도 자란다.

솜털 같은
가시자리

꽃은 줄기 위쪽에서
연한 노란색으로 핀다.

가시자리에
가시가 없다.

투구선인장

[두환兜丸 · 갑환甲丸 · 성관星冠 · 성게선인장]

Astrophytum asterias

—

줄기는 한 포기씩 자라며 공 모양이다. 등줄기는 보통 8(5~11)줄이 배열된다. 가시는 없고 가시자리의 지름 은 약 5~10밀리미터며 둥근 단추 모양이다. 등줄기에 얼룩점 같은 흰색 털이 많이 있다.

줄기는 보통 한 포기씩 자라며
공 모양이다.

꽃은 깔때기 모양이다.

등줄기 깊이가
아주 얕은 편이다.

꽃의 지름은
3~5센티미터 정도다.

꽃의 중심부는
붉은 색이다.

암술과 수술

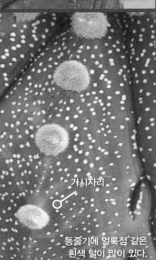

가시자리

등줄기에 얼룩점 같은
흰색 털이 많이 있다.

가시자리

가시자리의 지름은
약 5~10밀리미터이고
둥근 단추 모양이다.

줄기의 지름은
8~16센티미터
정도 자란다.

등줄기는 깊이가 얕아
거의 편평한 모양이다.

등줄기는
보통 8(5~11)줄이
배열된다.

높이가 2~6센티미터
정도 자란다.

꽃은 여름에 흰색,
분홍색, 붉은색 등으로 핀다.

보통
큰 가시는 없다.

여사환금麗蛇丸錦선인장

Gymnocalycium damsii f. variegata

—

줄기에 노란색 무늬가 있다. 줄기는 한 포기씩 자라거나 모여서 무리 지어 자라게
된다. 등줄기는 6∼9줄이 배열되며 혹줄기로 구성된다. 보통 큰 가시는 없다. 주
변 가시는 보통 5∼8개가 모여 나며 길이가 12밀리미터 정도다.

꽃의 색깔이 다양하다.

암술과 수술

줄기에
노란색 무늬가 있다.

꽃잎은
활짝 펼쳐진다.

꽃의 지름은
6센티미터 정도다.

암술과
수술

주변 가시는
길이 12밀리미터 정도다.

줄기의 지름이
8~15센티미터
정도 자란다.

주변가시는
보통 5~8개가
모여 난다.

높이가 4~10센티미터
정도 자란다.

등줄기의 깊이가
얕은 편이다.

등줄기는 6~9줄이 배열되며
혹줄기로 구성된다.

꽃은 6월에 초록빛이 도는 흰색
또는 연한 분홍색으로 핀다.

취황관翠晃冠선인장

Gymnocalycium anisitsii

—

등줄기는 8~12줄이 배열된다. 주변가시는 5~7개가 모여 나며 가늘고 흰다. 주
변가시의 길이는 14밀리미터 정도다. 꽃은 지름 4~5센티미터, 길이 4~5센티미
터 정도다.

큰 가시는 없다.

열매는 타래 모양紡錐形이며
길이 25밀리미터,
지름 10밀리미터 정도다.

꽃잎 끝은
초록빛을 띤다.

줄기는 공 모양에서
점차 둥근기둥꼴로 변하며,
한 포기씩 자라거나 간혹 모여서
무리 지어 자라게 된다.

꽃의 길이는
4~5센티미터 정도다.

꽃의 지름은
4~5센티미터
정도다.

암술과 수술

주변가시는 길이가
약 14밀리미터다.

주변가시는
5~7개가 모여 나며
가늘고 휜다.

줄기의 지름은
8센티미터 정도 자란다.

등줄기는
8~12줄이 배열된다.

혹줄기는
새김눈처럼 보이는 턱 모양이다.
혹줄기는 폭이 넓고 둥글다.

약 10센티미터
높이로 자란다.

꽃은 6월에 흰색이 도는
분홍색으로 핀다.

큰 가시는 없다.

금사환錦蛇丸선인장
Gymnocalycium bicolor
—
등줄기는 8~13줄이 배열된다. 주변가시는 3~9개가 모여 나며, 억세고 가늘며
약간 휜다. 등줄기 위쪽 가시는 흰색, 아래쪽은 회청색이다. 가시는 물에 젖으면
흑갈색으로 변한다.

꽃은 줄기 위쪽에 달린다.

줄기는 반공 모양半球形이고
한 개씩 자란다.

등줄기 위쪽의 가시는 흰색,
아래쪽은 회청색이며,
가시가 물에 젖으면
흑갈색으로 변한다.

꽃의 길이는
40밀리미터 정도다.

꽃의 지름은
약 45밀리미터.

암술과 수술

주변가시는
3～9개가 모여 난다.

주변가시는 길이가
약 2～3센티미터다.

줄기의 지름은
15센티미터 정도 자란다.

등줄기는
8～13줄이
배열된다.

약 10센티미터
높이로 자란다.

혹줄기는
폭이 넓고 둥글다.

꽃은 초여름에
분홍색, 자주색,
붉은색 등으로 핀다.

비화옥緋花玉선인장

[난쟁이턱선인장]

Gymnocalycium baldianum

[Dwarf Chin Cactus]

—

높이 4~10센티미터, 줄기 지름 6~8센티미터 정도 자란다. 등줄기는 9~11줄이 배열되며, 혹줄기로 구성된다. 큰 가시는 없고, 주변가시는 보통 5(3~7)개가 모여 난다. 주변가시의 길이는 약 7~12밀리미터다.

큰 가시는
없다.

줄기는 한 포기씩 자라지만
점차 모여서
무리 지어 자라게 된다.

꽃은
줄기 위쪽에
달린다.

꽃의 중심부는
붉은 색이다.

꽃은 깔때기 모양이다.

꽃의 지름은
3～5센티미터 정도다.

수술

주변가시는 길이가
7～12밀리미터 정도다.

줄기의 지름은
6～8센티미터 정도다.

주변가시는
보통 5(3～7)개가
모여 난다.

약 4～10센티미터
높이로 자란다.

혹줄기가 모여
등줄기가 된다.

등줄기는
9～11줄이 배열된다.

꽃은 5월에
흰색으로 핀다.

신천지新天地선인장

[턱이 큰 선인장 · 육각옥六角玉]

Gymnocalycium saglionis

[Giant Chin Cactus]

—

줄기는 납작한 공 모양이고, 줄기 위쪽은 편평하다. 등줄기는 13~32줄이 배열되며, 혹줄기가 모여 등줄기가 된다. 큰 가시는 1~3개 정도고, 주변가시는 8~10(~15)개가 모여 난다. 주변가시의 길이는 30~40밀리미터 정도다.

주변가시는 길이가
30~40밀리미터 정도다.

열매의 길이는
2센티미터 정도다.

꽃은 흰색으로 핀다.

줄기는 납작한 공 모양이고
한 개씩 자란다.

꽃의 길이는
약 30~40밀리미터다.

꽃의 지름은
20~30센티미터
정도다.

암술과 수술

줄기의 지름은
30센티미터 정도 차란다.

큰 가시는
약 1~3개다.

주변가시는
8~10(~15)개가 모여 난다.

줄기 위쪽은
편평하다.

약 40센티미터
높이로 자란다.

등줄기는
13~32줄이 배열된다.

꽃은 4월에
흰색으로 핀다.

큰 가시는
없다.

신천지금新天地錦선인장
Gymnocalycium saglionis f. variegata

등줄기는 13~32줄이 배열된다. 주변가시는 8~10(~15)개가 모여 나며, 가시는 뒤쪽으로 휜다. 주변가시는 길이가 20~30밀리미터 정도다. 신천지선인장*G. saglionis*과 비슷하지만 줄기에 노란색 무늬가 있어 구별한다.

꽃은
흰색으로 핀다.

꽃은
줄기 위쪽에
핀다.

줄기에
노란색 무늬가 있다.

꽃은
종 모양이다.

꽃의 지름은
20～30밀리미터 정도다.

암술과 수술

주변가시의 길이는
20～30밀리미터 정도다.

주변가시는 8～10(～15)개가
모여 나며 뒤쪽으로 휜다.

줄기의 지름은
20센티미터
정도 자란다.

혹줄기가 모여 등줄기가 되며,
줄기 위쪽은 편평하다.

등줄기는
13～32줄이
배열된다.

약 25센티미터
높이로 자란다.

꽃은 5월에
흰색 또는 분홍빛이 도는
갈색으로 핀다.

십자군十字軍선인장

Gymnocalycium triacanthum
—

줄기는 납작한 공 모양이고 한 포기씩 자란다. 등줄기는 10~12줄이 배열되며
등줄기 깊이가 얕다. 큰 가시는 없고, 주변가시는 3(3~7)개가 모여 난다. 주변가
시의 길이는 10~15(~20)밀리미터 정도다.

큰 가시는
없다.

수술

열매는 타래 모양이며
길이가 15~20밀리미터 정도다.

등줄기의 깊이는
얕은 편이다.

꽃은 깔때기 모양이다.

꽃의 지름은
약 35밀리미터다.

꽃의 중심부는
적갈색이다.

주변가시는 길이가
10~15(~20)밀리미터 정도다.

주변가시는
보통 3(3~7)개가
모여 난다.

줄기의 지름은
6~10센티미터
정도 자란다.

약 4~6센티미터
높이로 자란다.

줄기는 납작한 공 모양이고
한 포기씩 자란다.

등줄기는
10~12줄이 배열된다.

꽃은 5월에
흰색 또는 연한 분홍색으로 핀다.

큰 가시는
없다.

괴룡환怪龍丸선인장

[흑접환黑蝶丸]

Gymnocalycium bodenbenderianum

—

등줄기는 11~15줄이 배열되며, 넓고 약간 볼록하다. 주변가시는 3~7개가 모여
나고 안으로 휜다. 열매는 청색빛이 도는 녹색이며 길이 2센티미터, 지름 13밀리
미터 정도다.

줄기는 회록색이며
한 포기씩 자라거나 모여서
무리 지어 자란다.

열매는 청색 빛이 도는 녹색이며
길이 2센티미터,
지름 13밀리미터 정도다.

꽃의 중심부는
적갈색이다.

꽃의 길이는
약 4센티미터다.

꽃의 지름은
약 4센티미터다.

암술과
수술

주변가시는
3~7개가 모여 나고
안으로 휜다.

줄기의 지름은
8센티미터 정도로 자란다.

주변가시는 길이가
10밀리미터 정도다.

약 2~3센티미터
높이로 자란다.

등줄기는
넓고 약간 볼록하다.

등줄기는
11~15줄이 배열된다.

괴룡환선인장

꽃은 6월에 흰색으로 핀다.

주변가시는 길이가
15~25밀리미터 정도며
약간 휜다.

천자옥天紫玉선인장
Gymnocalycium pflanzii var. albipulpa

높이 10센티미터, 줄기 지름 10~15(~25)센티미터 정도 자란다. 등줄기는
9~12줄이 배열되고 큰 가시는 1~2개가 있으며 길이가 약 25밀리미터다. 주변
가시는 5~9개가 모여 나고 길이가 15~25밀리미터 정도며 약간 휜다.

꽃은
줄기 위쪽에
달린다.

토실토실한
혹줄기가 모여
등줄기를 이룬다.

등줄기의 깊이는
얕은 편이다.

꽃은 줄기 위쪽에
모여 달린다.

꽃의 지름은
40~50밀리미터 정도다.

꽃의 중심부는
붉은색이다.

큰 가시는 1~2개가 있으며
길이가 25밀리미터 정도다.

주변가시는
5~9개가 모여 난다.

줄기 지름이
10~15(~25)센티미터 정도
자란다.

약 10센티미터
높이로 자란다.

줄기는 납작한 공 모양이고
한 포기씩 자라지만
가끔 모여서 무리 지어 자란다.

등줄기는
9~12줄이 배열된다.

꽃은 6월에
흰색으로 핀다.

천자옥금天紫玉錦선인장

Gymnocalycium pflanzii var. albipulpa 'Variegata'
—

등줄기는 9~12줄이 배열된다. 주변가시는 5(7~9)개가 모여 나고, 길이가
15~25밀리미터 정도며 약간 흰다. 천자옥선인장*G. pflanzii var. albipulpa*과 비슷하
지만 혹줄기에 노란색 무늬가 있어 구별한다.

주변가시의 길이는
약 15~25밀리미터다.

꽃은 줄기 위쪽에
모여 달린다.

꽃의 중심부는
붉은색이다.

흰색의
가시자리

꽃은
깔때기 모양이다.

꽃의 지름은
약 40~50밀리미터다.

수술

주변가시는
5(7~9)개가 모여 난다.

줄기 지름이
10~15(~25)센티미터
정도 자란다.

큰 가시는 1~2개가 있으며
길이가 25밀리미터 정도다.

줄기는 납작한 공 모양이고
한 개씩 자라지만,
가끔 모여서 무리 지어
자라기도 한다.

등줄기는
9~12줄이 배열된다.

약 10센티미터
높이로 자란다.

천자옥금선인장

꽃은 여름에
분홍색으로 핀다.

큰 가시는
없다.

비모란緋牡丹선인장

[Moon 선인장 · Ruby Ball]

Gymnocalycium mihanovichii f. rubra 'Hibotan'

—

등줄기는 보통 8~9줄이 배열된다. 등줄기에 약한 새김눈이 있다. 주변가시는
0~5개가 모여 난다. 주변가시의 길이는 6~15밀리미터 정도다. 큰 가시는 없다.

꽃은 여름에
줄기 위쪽에 달린다.

새김눈
(각목刻目 notch)

꽃의 중심부는
분홍색이다.

암술과 수술

꽃잎은
활짝 펼쳐진다.

꽃의 지름은
약 3~4센티미터다.

주변가시는 길이가
약 6~15밀리미터다.

주변가시는
0~5개가 모여 난다.

줄기 지름이
6센티미터 정도 자란다.

줄기는 공 모양에서
점차 둥근기둥꼴로 변한다.

등줄기는
보통 8~9줄이 배열된다.

줄기 길이가
9~13센티미터 정도다.

꽃은 여름에
연한 분홍색으로 핀다.

목단옥牡丹玉선인장

Gymnocalycium mihanovichii var. friedrichii

—

줄기는 납작한 반공 모양이며 흑적갈색이다. 등줄기는 보통 8~9줄이 배열된다.
등줄기는 뾰족하며, 새김눈이 있다. 주변가시는 보통 3~6개가 모여 난다. 가시
자리는 지름이 2~4밀리미터 정도며 흰색이다. 열매는 타래 모양이고 길이가 35
밀리미터 정도며 붉은색으로 익는다.

큰 가시는 없다.

열매는 타래 모양이며,
길이가 35밀리미터 정도고
붉은색으로 익는다.

가시자리

가시자리는 지름이
2~4밀리미터 정도며 흰색이다.

새김눈

꽃은
줄기 위쪽에
달린다.

꽃의 지름은
3~4센티미터 정도다.

암술과 수술

주변가시는 길이가
5~7밀리미터 정도다.

주변가시는
보통 3~6개가
모여 난다.

줄기 지름이
6센티미터 정도 자란다.

약 9센티미터 높이로 자란다.

줄기는 한 포기씩 자라지만
점차 모여서 무리 지어 자라게 된다.

등줄기는
보통 8~9줄이 배열된다.

목단옥선인장

꽃은 봄에
분홍색으로 핀다.

무벽옥武碧玉선인장
Gymnocalycium ritterianum
—

높이 4~10센티미터, 줄기 지름 8~11센티미터 정도 자란다. 등줄기는 10~12줄
이 배열되고 큰 가시는 없지만 간혹 한 개가 나기도 한다. 주변가시는 보통 7~9
개가 모여 난다. 주변가시의 길이는 15~25밀리미터 정도다.

큰 가시는 없지만
간혹 한 개가 나기도 한다.

꽃은 줄기 위쪽에
모여 핀다.

꽃의 중심부는
붉은색이다.

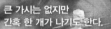

등줄기는
혹줄기로 구성되며
넓고 둥근 편이다.

꽃잎은
활짝 펼쳐진다.

꽃의 지름은
5~7센티미터 정도다.

암술과
수술

주변가시는
보통 7~9개가 모여 난다.

주변가시는
길이가 15~25밀리미터 정도다.

줄기 지름이
8~11센티미터
정도 자란다.

등줄기는
10~12줄이 배열된다.

약 4~10센티미터
높이로 자란다.

흰색의
가시자리

꽃은 초가을에
흰색으로 핀다.

큰 가시는 없거나
한 개가 있다.

보란옥寶卵玉선인장
Gymnocalycium megalothelos
—

등줄기는 5~7줄이 배열되며 혹줄기로 구성된다. 큰 가시는 없거나 한 개다. 주변 가시는 보통 5~7(~12)개가 모여 난다. 주변가시의 길이는 15밀리미터 정도다.

열매의 길이는
3센티미터 정도다.

꽃은 줄기 위쪽에
달린다.

수술

꽃잎은
활짝 펼쳐진다.

꽃의 지름은
6~7센티미터 정도다.

수술

주변가시는 길이가
15밀리미터 정도다.

주변가시는
보통 5~7(~12)개가
모여 난다.

줄기 지름이
5~8센티미터
정도 자란다.

약 10센티미터
높이로 자란다.

등줄기는
혹줄기로
구성된다.

등줄기는
5~7줄이 배열된다.

꽃은 늦봄에
녹황색 또는
흰색으로 핀다.

서운환瑞雲丸선인장
Gymnocalycium mihanovichii
—

높이 4센티미터, 줄기 지름 5~6센티미터 정도 자란다. 등줄기는 보통 8줄이 배열되며 등줄기에 약한 새김눈이 있다. 주변가시는 보통 2~6개가 모여 난다. 주변가시는 길이가 7~12밀리미터 정도다.

큰 가시는
없다.

꽃은 줄기 위쪽에
달린다.

수술

줄기는 납작한 공 모양이고
한 포기씩 자라지만,
점차 모여서 무리 지어 자라게 된다.

꽃잎은
활짝 펼쳐진다.

꽃의 지름은
약 4～5센티미터다.

수술

주변가시는 길이가
7～12밀리미터 정도다.

주변가시는
보통 2～6개가
모여 난다.

줄기 지름이
5～6센티미터
정도 자란다.

새김눈

등줄기는
보통 8줄이
배열된다.

약 4센티미터
높이로 자란다.

꽃은 봄에
연한 갈색, 흰색, 분홍색
등으로 핀다.

줄기는
혹줄기로 구성된다.

화무자華武者선인장

Gymnocalycium weissianum

—

높이 14센티미터, 줄기 지름 9센티미터 정도 자란다. 등줄기는 19줄 정도가 배열되며, 혹줄기로 구성된다. 큰 가시는 보통 한 개이며 길이가 약 30밀리미터다. 주변가시는 보통 8개가 모여 나며 길이가 약 30밀리미터다.

열매

꽃은
깔때기 모양이다.

암술과 수술

꽃잎은
활짝 펼쳐진다.

꽃의 지름은
7~8센티미터 정도다.

암술과 수술

큰 가시

큰 가시는 보통 한 개이며
길이가 30밀리미터 정도다.

주변가시는 보통 8개가 모여 나며
길이가 30밀리미터 정도다.

줄기 지름이
9센티미터
정도 자란다.

줄기는 공 모양이고
한 포기씩 자라지만,
점차 모여서 무리 지어
자라게 된다.

등줄기는 19줄 정도가 배열되며,
혹줄기로 구성된다.

약 14센티미터
높이로 자란다.

꽃은 5월에 분홍빛이 도는
흰색으로 핀다.

큰 가시는
약 1~4개다.

운룡雲龍선인장

[관음용觀音龍, 문미옥紋美玉]

Gymnocalycium monvillei

등줄기는 10~17(~20)줄이 배열된다. 큰 가시는 1~4개 정도고 주변가시는
7~13개가 모여 나며, 가시는 억세며 가늘고 휜다.

열매는 공 모양이고
지름이 20밀리미터 정도다.

혹줄기

줄기는 공 모양 또는 납작한
공 모양이며, 한 포기씩 자라지만,
간혹 모여서 무리 지어 자라기도 한다.

꽃의 길이는
4~5센티미터 정도다.

꽃의 지름은
5~6센티미터 정도다.

암술과 수술

주변가시는 길이가
3~4센티미터 정도다.

주변가시는
7~13개가
모여 난다.

줄기 지름이
20센티미터
정도 자란다.

등줄기는
10~17(~20)줄이 배열된다.

약 8~15센티미터
높이로 자란다.

혹줄기는 턱 모양이며
폭이 넓고 둔하다.

꽃은 여름에 약간
크림 빛이 도는 흰색으로 핀다.

가시는
아래로 약간 휜다.

강정鋼釘선인장

Coryphantha tripugionacantha

—

혹줄기는 원뿔 모양이고 높이가 20밀리미터 정도다. 큰 가시는 3개 정도며 길이
가 약 18~20밀리미터 다. 주변가시는 8~9개가 모여 나며 길이가 8~9밀리미터
정도다.

꽃은 줄기 위쪽에 달린다.

암술과
수술

가시자리는 처음에
흰색 솜털로 덮이지만
점차 털이 없어진다.

꽃잎은
활짝 펼쳐진다.

꽃의 지름은
6~7센티미터 정도다.

암술과
수술

큰 가시는 3개 정도며,
길이가 18~20밀리미터 정도다.

주변가시는
8~9개가 모여 나며,
길이가 8~9밀리미터 정도다.

줄기 지름이
9센티미터
정도 자란다.

혹줄기는 원뿔 모양이고
높이가 20밀리미터 정도다.

약 9센티미터
높이로 자란다.

줄기는 공 모양이고
흔히 모여서 무리 지어 자라게 된다.

꽃은 늦여름에
분홍색으로 핀다.

혹줄기는
나사 모양으로
배열된다.

상아환象牙丸선인장

Coryphantha elephantidens

[Elephant's Tooth]

—

높이 20센티미터, 줄기 지름이 15센티미터 정도 자란다. 혹줄기는 길이 4센티미터, 너비 6센티미터 정도다. 큰 가시는 없으며, 주변가시는 6~8개씩 모여 나며 길이가 18~26밀리미터 정도다.

꽃은
줄기 위쪽에 달린다.

암술과 수술

혹줄기는
원뿔 모양圓錐形이다.

꽃잎은 활짝 펼쳐진다.

꽃의 중심부는 붉은색이다.

꽃의 지름은 6~10센티미터 정도다.

주변가시의 길이는 18~26밀리미터 정도다.

줄기 지름이 15센티미터 정도 자란다.

주변가시는 6~8개씩 모여 난다.

약 20센티미터 높이로 자란다.

등줄기는 혹줄기로 구성된다.

혹줄기는 길이 4센티미터, 너비 6센티미터 정도다.

꽃은 11월에 오렌지 빛 붉은색으로 핀다.

큰 가시가 없다.

기선옥奇仙玉선인장

[귀선옥貴仙玉]

Matucana madisoniorum

—

높이 15센티미터, 줄기 지름 10센티미터 정도 자란다. 줄기는 납작한 공 모양에서 점차 둥근기둥꼴로 된다. 등줄기는 7~12줄이 배열되고 가시는 보통 1~2(0~5)개가 모여 나며, 길이가 3~4센티미터 정도다.

꽃은 줄기 위쪽에 달린다.

암술과
수술

등줄기의 깊이가
아주 얕은 편이다.

꽃의 길이는
8~10센티미터 정도다.

꽃의 지름은
40~55밀리미터
정도다.

암술과
수술

가시의 길이는
3~4센티미터 정도다.

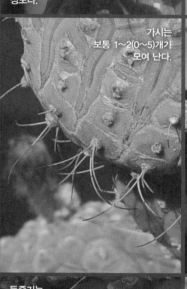

가시는
보통 1~2(0~5)개가
모여 난다.

줄기 지름이
10센티미터 정도다.

등줄기는 4~6각형의
혹줄기가 모여 구성된다.

등줄기는
7~12줄이 배열된다.

약 15센티미터
높이로 자란다.

꽃은 봄에
주황색으로 핀다.

혹줄기가 모여
등줄기를 이룬다.

마투카나 웨베르바우에리

[웨베르바우에리]

Matucana weberbaueri
—

높이 25~30센티미터, 줄기 지름이 10센티미터 정도다. 줄기는 처음에 공 모양이지만 점차 둥근기둥꼴이 된다. 등줄기는 25~30줄이 배열된다. 주변가시는 보통 25~33개가 모여 달리며, 길이가 10밀리미터 정도다. 큰 가시는 2~3개 정도며 길이가 약 20밀리미터다.

열매의 지름은
약 8밀리미터며
붉은색으로 익는다.

꽃은
줄기 위쪽에 달린다.

꽃은
주황색으로 핀다.

꽃의 길이는
50밀리미터 정도다.

꽃의 지름은
35~40밀리미터
정도다.

암술과 수술

큰 가시는 2~3개 정도며,
길이가 약 20밀리미터다.

주변가시는
보통 25~33개가 모여 나며,
길이가 10밀리미터 정도다.

줄기 지름이
10센티미터 정도다.

등줄기는
25~30줄이 배열된다.

등줄기의 깊이가
얕은 편이다.

약 25~30센티미터
높이로 자란다.

꽃은
연한 분홍색으로
봄에 핀다.

도조都鳥선인장

[곤륜산崑崙山]

Mammillaria sphacelata ssp. viperina

—

야생에서 줄기 길이가 60센티미터까지도 자라며, 줄기는 옆으로 퍼지거나 아래
로 드리워진다. 줄기는 모여서 무리 지어 자라며 긴 둥근기둥꼴이다. 주변가시의
길이는 6~7밀리미터 정도며, 18~24개가 모여 달린다. 큰 가시는 보통 6~10개
씩이며 길이가 13밀리미터 정도다.

주변가시는 길이가
6~7밀리미터 정도며
18~24개가 모여 달린다.

암술과 수술

꽃은 줄기 위쪽에 달린다.

줄기는
긴 둥근기둥꼴이다.

꽃은
깔때기 모양이다.

꽃의 지름은
15밀리미터 정도다.

암술과 수술

큰 가시는 길이가
13밀리미터 정도다.

큰 가시는 보통 6~10개씩이며,
그 중 한 개는 위로 솟으며
흑적색이고 약간 휜다.

줄기의 지름은
2~2.5센티미터 정도다.

큰 가시 중 1개는
흑적색이다.

야생에서 줄기 길이가
60센티미터까지도 자라며,
옆으로 퍼지거나 아래로 드리워진다.

높이는 보통
20~30센티미터 정도다.

꽃은 줄기 위쪽에 둥글게
고리 모양環狀으로 달린다.

방천환芳泉丸선인장

[원평환源平丸선인장]

Mammillaria spinosissima subsp. pilcayensis

[Bristle Brush Cactus]

—

줄기는 길이 50센티미터 정도의 둥근기둥꼴이고 암청록색이다. 혹줄기는
13~21줄 정도가 배열된다. 큰 가시는 반투명한 회백색이거나 황갈색이다. 주변
가시는 길이가 5~10밀리미터 정도며, 15~17개가 모여 달린다. 열매는 녹색이거
나 자줏빛을 띤 붉은색이다.

줄기는
암청록색이다.

꽃은 줄기 위쪽에
둥글게 고리 모양으로 달린다.

암술과 수술

줄기는
혹줄기로 구성된다.

꽃은 진한 분홍색으로
봄에 핀다.

꽃의 지름은
20밀리미터 정도다.

암술과
수술

주변가시

큰 가시

주변가시는 길이가
5~10밀리미터 정도며,
15~17개가 모여 달린다.

줄기 지름이
4~5센티미터 정도다.

등줄기는
13~21줄 정도가 배열된다.

줄기는 모여서
무리 지어 자란다.

줄기 길이가
50센티미터 정도 자란다.

방천환선인장

꽃의 지름은
10~13밀리미터 정도다.

등줄기는
혹줄기로
구성된다.

징심환澄心丸선인장

[등심환선인장]

Mammillaria backebergiana ssp. backbergiana
—

줄기 지름이 5~6센티미터, 줄기 길이가 30센티미터 정도 자란다. 주변가시는
8~12개가 모여 달린다. 큰 가시는 1~3개이며 길이가 7~8밀리미터다. 큰 가시
는 누르스름한 갈색이다.

꽃은 봄에 핀다.

암술과 수술

꽃은 둥글게
고리 모양으로 달린다.

꽃은 진한 분홍색으로
봄에 핀다.

암술과 수술

꽃은 줄기 위쪽에 둥글게
고리 모양으로 달린다.

주변가시는 8~12개가
모여 달린다.

큰 가시

주변가시

줄기 지름이
5~6센티미터 정도다.

줄기 길이가
30센티미터 정도 자란다.

줄기는 모여서
무리 지어 자란다.

혹줄기는
원뿔 모양이다.

꽃은
연한 황백색으로
봄에 핀다.

큰 가시는 길이가
10~15밀리미터 정도다.

금수구金手毬선인장 '코퍼 킹'

[마밀라리아 에롱가타 '코퍼 킹' · 코퍼 킹]

Mammillaria elongata 'Copper King'

—

줄기 길이 20~30센티미터, 줄기 지름 1~3센티미터 정도 자란다. 주변가시는 길이가 4~12밀리미터 정도며 14~25개가 모여 달린다. 큰 가시는 보통 없거나 가끔 1~2개 정도며 길이가 10~15밀리미터 정도다.

암술과 수술

꽃은 연한 황백색으로 핀다.

주변가시는
수평으로 펼쳐진다.

꽃은 줄기 위쪽에
달린다.

꽃의 지름은
10밀리미터 정도다.

암술과 수술

큰 가시는 보통 없지만,
가끔 1~2개 정도 달린다.

주변가시는 길이가
4~12밀리미터 정도며,
14~25개가 모여 달린다.

줄기 지름이
1~3센티미터 정도다.

꽃은
줄기 위쪽에
달린다.

줄기는 옆으로 비스듬히 자라거나
아래로 처진다.

줄기 길이가
20~30센티미터 정도다.

꽃은 초여름에
분홍색으로 핀다.

큰 가시는 황갈색이고
끝은 꼬부라진다.

경무京舞선인장
Mammillaria magnifica
—

줄기는 둥근기둥꼴이며 높이가 40센티미터까지 자란다. 줄기는 지름이 7~9센티미터 정도고 주변가시의 길이는 약 3~8밀리미터며 18~24개가 모여 달린다. 큰 가시는 보통 4~5(~8)개 정도며 길이가 20~55밀리미터 정도로 길다. 큰 가시는 황갈색이고 끝은 꼬부라진다.

꽃은 줄기 위쪽에 달린다.

꽃은
분홍색으로 핀다.

줄기는 혹줄기로
구성된다.

꽃은 줄기 위쪽에
둥글게 고리 모양으로 모여 달린다.

꽃은
지름 11~12밀리미터
정도다.

암술

큰 가시는 보통 4~5(~8)개 청도며,
길이가 20~55밀리미터 정도로 길다.

주변가시는 길이가
3~8밀리미터 정도며,
18~24개가 모여 달린다.

줄기는 지름이
7~9센티미터 정도다.

줄기는 모여서
무리 지어 자란다.

약 40센티미터 높이까지 자란다.

꼬부라진 큰 가시

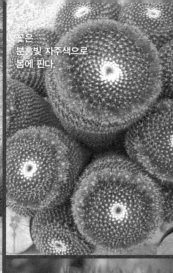

꽃은
분홍빛 자주색으로
봄에 핀다.

귀보옥貴寶玉선인장

[역변환易變丸 · 용황龍晃 · 여홍환麗紅丸]

Mammillaria mystax

—

높이 30센티미터, 줄기 지름 15센티미터 정도 자란다. 큰 가시는 보통 2(1~4)개
씩이고 길이가 6밀리미터 정도다. 주변가시는 6(3~10)개가 모여 나며 길이가 5
밀리미터 정도다.

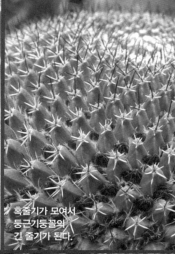

혹줄기가 모여서
둥근기둥꼴의
긴 줄기가 된다.

줄기는
혹줄기로
구성된다.

꽃은 줄기 위쪽에
모여 달린다.

암술과 수술

꽃잎 끝은 갈라진다.

꽃은 줄기 위쪽에
둥글게 고리 모양으로 달린다.

꽃의 지름은
약 2센티미터다.

큰 가시

큰 가시는 보통 2(1~4)개고
길이가 6밀리미터 정도다.

주변가시는 보통 6(3~10)개가 모여 나며,
길이가 5밀리미터 정도다.

줄기 지름이
15센티미터 정도 자란다.

혹줄기는
원뿔 모양이다.

줄기는 한 포기씩 자라지만
점차 모여서 무리 지어 자라게 된다.

약 30센티미터
높이로 자란다.

꽃은 자줏빛을 띤
분홍색으로 봄에 핀다.

금환錦丸선인장

[다자환多刺丸 · 정성성환猩猩猩丸 · 율실환栗實丸]

Mammillaria spinosissima

[Red-headed Irishman]

—

높이 30센티미터, 줄기 지름이 6~7센티미터 정도 자란다. 주변가시는 길이가 4~6밀리미터 정도며, 20~25개가 모여 달린다. 큰 가시는 12~15개 정도며, 줄기 아래쪽에서는 큰 가시 길이가 약 10~12밀리미터다.

주변가시는
길이가 4~6밀리미터 정도며
20~25개가 모여 달린다.

가시자리에 솜털
또는 약간의 강한 털이 있다.

혹줄기는
달걀꼴 또는 원뿔 모양이고
아래쪽은 네모꼴이다.

꽃봉오리

꽃은 줄기 위쪽에
둥글게 고리 모양으로 달린다.

꽃의 지름은
12밀리미터 정도다.

암술머리는
연한 초록색이다.

큰 가시

주변가시

큰 가시는 12~15개 정도며,
줄기 아래쪽에서는
큰 가시 길이가
10~12밀리미터 정도다.

줄기 지름이
6~7센티미터 정도다.

꽃은 줄기 위쪽에
달린다.

약 30센티미터
높이로 자란다.

등줄기는
13~21줄이 배열된다.

희망환希望丸선인장 레펜하게니

[마밀라리아 알빌라나타 레펜하게니 · 레펜하게니]

Mammillaria albilanata ssp. reppenhagenii

—

보통 높이는 9(~15)센티미터, 줄기 지름은 6센티미터 정도 자란다. 주변가시는 길이가 2~3밀리미터 정도며 22~23개가 모여 달린다. 큰 가시는 보통 2~5개 정도며 길이가 4~7밀리미터 정도다.

꽃은 진한 분홍색으로 4~5월에 핀다.

큰 가시의 위쪽은 흑갈색이다.

가시자리에 솜털이 있다.

꽃은 진한 분홍색으로 핀다.

꽃은 줄기 위쪽에 달린다.

꽃은 줄기 위쪽에
둥글게 고리 모양으로 달린다.

꽃의 지름은
약 10~12밀리미터다.

암술과 수술

줄기 지름은
약 6센티미터다.

큰 가시는 보통 2~5개 정도며
길이가 4~7밀리미터 정도다.

주변가시는 길이가
2~3밀리미터 정도며
22~23개가 모여 달린다.

혹줄기는
원뿔 모양이다.

줄기는 둥근기둥꼴이며
한 포기씩 자라거나 모여서
무리 지어 자란다.

높이가
약 9(~15)센티미터다.

꽃은 연한 분홍색으로
봄에 핀다.

마밀라리아 모르가니아나

[모간니아나]

Mammillaria morganiana

—

높이 15센티미터, 줄기 지름이 8센티미터 정도 자란다. 가시자리는 지름 7밀리미터 정도며 흰색 솜털이 빽빽하다. 주변가시는 길이가 12밀리미터 정도며 40~50개가 모여 달린다. 큰 가시는 보통 4~5개 정도며 길이가 10밀리미터 정도다.

큰 가시는 길이가
10밀리미터 정도다.

줄기 위쪽에
꽃이 달린다.

암술과 수술

꽃잎에
진한 붉은색 줄무늬

꽃은 줄기 위쪽에
달린다.

꽃의 지름은
약 15밀리미터다.

꽃잎에
진한 붉은색
줄무늬가 있다.

줄기의 지름은
8센티미터 정도다.

큰 가시는
보통 4~5개 정도다.

주변가시는
길이가 12밀리미터 정도며
40~50개가 모여 달린다.

가시자리는
지름 7밀리미터 정도이며,
흰색 솜털이 빽빽하다.

줄기는
둥근기둥꼴이다.

약 15센티미터 높이로 자라며,
줄기는 처음에는
한 포기씩 자라지만
점차 모여서
무리 지어 자라게 된다.

꽃은 진한 분홍색으로
봄에 핀다.

금환錦丸선인장 '루브리스피나'

[루브리스피나 · 슈퍼 레드]

Mammillaria spinosissima 'rubrispina'

[*M.spihosissima cv.*'Super Red']

—

보통 높이 10센티미터 정도지만, 드물게 30센티미터까지 자라는 것도 있다. 줄기
지름이 6~7센티미터 정도다. 줄기는 보통 한 포기씩 자라지만, 모여서 무리 지어
자라기도 한다. 주변가시는 길이가 4~6밀리미터 정도며 20~25개가 모여 달린
다. 큰 가시는 구릿빛 적갈색이고 보통 12~15개씩 모여 나며 길이가 10~12밀리
미터 정도다.

혹줄기가 모여
둥근기둥꼴의 줄기가 된다.

꽃은 줄기 위쪽에
달린다.

혹줄기는
원뿔 모양이다.

꽃은
깔때기 모양이다.

꽃은 줄기 위쪽에
둥글게 고리 모양으로 달린다.

꽃의 지름은
12밀리미터 정도다.

암술머리는
연한 초록색이다.

큰 가시는 구릿빛 적갈색이며
보통 12～15개 정도다.

주변가시는
길이 4～6밀리미터 정도며
20～25개가 모여 달린다.

줄기 지름은
6～7센티미터 정도다.

등줄기는
13～21줄이 배열된다.

줄기는 공 모양 또는
짧은 둥근기둥꼴이다.

줄기는
보통 높이가
10센티미터 정도이지만
드물게 30센티미터까지
자라는 것도 있다.

꽃은 4~5월에
연한 분홍색으로 핀다.

운상환雲裳丸선인장
[슈도페르벨라 · 바늘겨레]

Mammillaria pseudoperbella
—

줄기 길이가 15~20센티미터, 줄기 지름이 5~7센티미터 정도 자란다. 주변가시
는 길이가 1~3밀리미터이고 20~30개가 모여 난다. 큰 가시의 길이는 3~5밀리
미터며 0~4개가 난다. 열매의 길이는 10~15밀리미터며 핑크빛이 도는 붉은색
으로 익는다.

혹줄기는 길이 6~7밀리미터,
폭 2밀리미터 정도다.

꽃은 줄기 위쪽에
달린다.

큰 가시의 아래쪽은
암갈색이며
위쪽은 흑갈색이다.

암술과 수술

꽃은 줄기 위쪽에 둥글게
고리 모양으로 달린다.

꽃의 지름은
10~12밀리미터 정도다.

꽃잎에는
진한 분홍색 줄무늬가 있다.

줄기 지름이
5~7센티미터 정도다.

주변가시

큰 가시

주변가시는 길이가
1~3밀리미터 정도고
20~30개가 모여 난다.

줄기 위쪽은
오목하게 들어간다.

줄기는 처음에 공 모양이다가
점차 둥근기둥꼴로 된다.

줄기 길이가
15~20센티미터 정도다.

꽃은 연한 분홍색으로
봄에 핀다.

큰 가시는 보통 2~4개고
길이가 약 2센티미터다.

풍명환豊明丸선인장

[견환絹丸]

Mammillaria bombycina

[Silken Pincusion]

—

높이 15~20센티미터, 줄기 지름이 5~6센티미터 정도 자란다. 큰 가시는 보통
2~4개고 길이가 2센티미터 정도다. 주변가시는 30~65개가 모여 나며 길이가
5~6밀리미터 정도다.

줄기는
혹줄기로 구성된다.

암술과 수술

줄기는 한 포기씩 자라지만,
점차 모여서 무리 지어 자라게 된다.

꽃은
줄기 위쪽에 달린다.

꽃의 지름은
2센티미터 정도다.

암술과 수술

줄기 지름이
5~6센티미터 정도다.

주변가시는
길이가 5~6밀리미터 정도다.

주변가시는
30~65개가 모여 난다.

가시자리에
흰색 털이 있다.

줄기는 둥근꼴이지만
점차 둥근기둥꼴이 된다.

약 15~20센티미터
높이로 자란다.

꽃은 진한 분홍색으로
봄에서 여름에 핀다.

혹줄기는
원뿔 모양이다.

황능환黃綾丸선인장

[황신환 · 춘봉환 · 명요한]

Mammillaria muehlenpfordtii
—

높이 20센티미터, 줄기 지름이 12~15센티미터 정도 자란다. 큰 가시는 황갈색
이고 길이가 20~40밀리미터며, 2~6개가 바깥을 향한다. 주변가시는 길이가 4
밀리미터 정도며 30~50개가 사방으로 뻗으며 흰색 또는 노란색이다.

꽃은 진한 분홍색이다.

가시자리에
흰색 털이 있다.

큰 가시는
2~6개가 바깥을 향한다.

꽃은
줄기 위쪽에 달린다.

꽃의 지름은
10~15밀리미터 정도다.

암술

줄기 지름이
약 12~15센티미터 자란다.

주변가시

큰 가시

주변가시는 길이가
4밀리미터 정도다.

큰 가시는 황갈색이고
길이가 20~40밀리미터 정도다.

약 20센티미터
높이로 자란다.

줄기는 둥근기둥꼴이고
가시자리에 흰색 강한 털이 있다.

줄기는 보통 한 포기씩 자라지만
간혹 갈라지기도 한다.

희망환希望丸선인장

[천학千鶴 · 은령환 · 백수환]

Mammillaria albilanata
—

높이 15~25센티미터, 줄기 지름이 8센티미터 정도 자란다. 주변가시는 길이가 2~4밀리미터이고 15~26개가 모여 난다. 큰 가시는 길이가 2~3밀리미터며 2~4개가 난다. 큰 가시는 황갈색이며 가시 끝은 흑갈색이다.

꽃은 4~5월에
분홍빛이 도는 붉은색으로 핀다.

줄기 위쪽은 오목하게
움푹 들어간다.

꽃은
줄기 위쪽에 달린다.

암술과 수술

가시자리에
흰색 솜털이 많다.

꽃은 줄기 위쪽에
둥글게 고리 모양으로 달린다.

꽃의 지름은
7～10밀리미터 정도다.

암술과 수술

주변가시는 길이가
2～4밀리미터이고
15～26개가 모여 난다.

큰 가시

주변가시

큰 가시는 길이가 2～3밀리미터며
2～4개가 난다.

줄기 지름이
8센티미터 정도다.

혹줄기는
회록색의 원뿔 모양이다.

줄기는 보통 한 포기씩 자라지만,
가끔 모여서 무리 지어 자라기도 한다.

약 15～25센티미터
높이로 자란다.

꽃은 분홍색으로
겨울에 핀다.

혹줄기는
왼뿔 모양이다.

도화환桃花丸선인장

[마밀라리아 스크립시아나]

Mammillaria scrippsiana
—

줄기는 청록색이며 높이 25~30센티미터, 지름 25~30센티미터 정도다. 주변가시는 가늘고 부드럽다. 주변가시는 길이가 7밀리미터 정도며 10~17개가 모여 달린다. 큰 가시는 보통 두 개씩이며 길이가 5~10밀리미터 정도다.

꽃은 줄기 위쪽에
달린다.

암술과 수술

줄기는 공 모양 또는
짧은 둥근기둥꼴이다.

꽃은 줄기 위쪽에서
둥글게 고리 모양으로 달린다.

꽃의 지름은
약 10밀리미터다.

수술대는
분홍색이다.

주변가시

큰 가시

큰 가시는 보통 두 개씩이며
길이가 5~10밀리미터 정도다.

줄기의 지름은
약 25~30센티미터다.

혹줄기 사이에
흰색 털이 많다.

약 25~30센티미터
높이로 자란다.

혹줄기 끝은
뾰족하다.

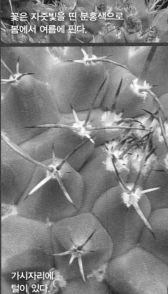

꽃은 자줏빛을 띤 분홍색으로
봄에서 여름에 핀다.

백룡환白龍丸선인장

[각환閣丸 · 백용환]

Mammillaria compressa
—
높이 20~25센티미터, 줄기 지름이 5~10센티미터 정도다. 혹줄기는 단단하며,
둔한 모서리稜角가 있다. 주변가시는 짧지만, 가끔 길이가 20~70밀리미터까지
되는 것도 있으며 4~6개가 모여 달린다.

가시자리에
털이 있다.

열매는 곤봉 모양이고
붉은색으로 익는다.

암술머리는 흰색이다.

줄기는 처음에
한 포기씩 자라지만,
점차 모여서
무리 지어 자라게 된다.

꽃은
줄기 위쪽에 달린다.

꽃의 지름은
10〜15밀리미터 정도다.

수술대는
분홍색이다.

큰 가시는
없다.

주변가시는 짧지만
가끔 길이가 20〜70밀리미터까지
되는 것도 있다.

줄기 지름이
5〜10밀리미터 정도다.

혹줄기에
둔한 모서리가 있다.

혹줄기 사이는
솜털로 덮인다.

약 20〜25센티미터
높이로 자란다.

꽃은 줄기 위쪽에 둥글게
고리 모양으로 달린다.

큰 가시는 없다.

다립환多粒丸선인장

[마밀라리아 폴리텔레]

Mammillaria polythele

—

높이 60센티미터, 줄기 지름 10센티미터 정도 자란다. 큰 가시는 없다. 주변가시
는 처음에는 두 개씩이지만 나중에 3~4개가 된다. 주변가시는 길이가 25밀리미
터 정도며 사방으로 뻗는다. 꽃 지름은 약 25밀리미터이고 열매는 곤봉 모양이며
붉은색으로 익는다.

열매는 곤봉 모양이고
붉은색으로 익는다.

혹줄기가 모여
둥근기둥꼴의 줄기가 된다.

혹줄기는
원뿔 모양이다.

꽃은 자줏빛 분홍색으로
봄에 핀다.

꽃의 지름은
25밀리미터 정도다.

암술과 수술

주변가시는 처음에는
두 개씩이지만
나중에 3~4개가 된다.

주변가시의 길이는
25밀리미터 정도며
사방으로 뻗는다.

줄기 지름이
10센티미터 정도 자란다.

가시자리에는
솜털이 많이 있다.

줄기는 초록색의 둥근기둥꼴이며
한 포기씩 자란다.

약 60센티미터
높이로 자란다.

조일환朝日丸선인장

[자운용紫雲龍]

Mammillaria rhodantha

[Rainbow Pincushion]

—

높이 30~40센티미터, 줄기 지름이 7~12센티미터 정도 자란다. 주변가시의 길이는 약 4~9밀리미터며 17~24개가 모여 달린다. 큰 가시는 보통 4~9개 정도며 길이가 18(~25)밀리미터 정도다.

꽃은 봄~여름에 붉은색으로 핀다.

큰 가시는 보통 4~9개 정도다.

줄기 위쪽은 편평하다.

혹줄기는 원뿔 모양이다.

가시자리에는 솜털이 많다.

꽃은 줄기 위쪽에
둥글게 고리 모양으로 달린다.

꽃의 지름은
약 20밀리미터다.

암술머리는 노란색이다.

큰 가시의 길이는
약 18(~25)밀리미터다.

주변가시는
길이가 4~9밀리미터 정도며
17~24개가 모여 달린다.

줄기 지름이
약 7~12센티미터다.

줄기는 공 모양이거나
둥근기둥꼴이다.

줄기는 보통 한 포기씩 자라지만
갈라지기도 한다.

약 30~40센티미터
높이로 자란다.

꽃은 겨울에
분홍색으로 핀다.

줄기든 혹줄기로
구성된다.

백성성환白猩猩丸선인장

[피코]

Mammillaria spinosissima cv. UN PICO

—

높이 30센티미터, 줄기 지름이 10센티미터 정도다. 주변가시는 없다. 큰 가시는
보통 1~3개 정도고, 길이가 10~30밀리미터 정도며 곧고 억세다. 열매는 곤봉
모양이고 초록색 또는 붉은색이다.

암술

줄기는 둥근기둥꼴이며
보통 한 포기씩 자란다.

가시자리에
털이 있다.

꽃은 줄기 위쪽에 둥글게
고리 모양으로 달린다.

꽃의 지름은
약 12밀리미터다.

암술머리는
연한 초록색이다.

주변가시는
없다.

큰 가시는 보통 1〜3개 정도며
길이가 약 10〜30밀리미터다.

줄기 지름이
10센티미터 정도다.

혹줄기는 원뿔 모양이며,
혹줄기 아래쪽은 네모꼴이다.

가시자리에 솜털

약 30센티머터
높이로 자란다.

꽃은
늦겨울~초봄에 핀다.

혹줄기가 모여
둥근기둥꼴의 줄기가 된다.

만월滿月선인장
Mammillaria candida var. rosea
—
높이 8센티미터, 줄기 지름이 6센티미터 정도 자란다. 큰 가시는 거의 없고 주변
가시는 길이가 6밀리미터 정도며 숫자가 많다.

줄기 위쪽은
오목하게 움푹 들어간다.

혹줄기와
주변가시

가시자리에
흰색 솜털이 많다.

꽃잎 가운데에
줄무늬가 있다.

암술머리

수술

꽃의 지름은
약 2센티미터다.

혹줄기는 원뿔 또는
둥근기둥꼴이다.

흰색의 주변가시는
길이가 약 6밀리미터다.

줄기 지름이
약 6센티미터다.

주변가시가 길고 많아서
줄기를 감싼다.

줄기는 공 모양이지만
점차 둥근기둥꼴로 변한다.

약 8센티미터
높이로 자란다.

꽃은 5월에
흰색으로 핀다.

큰 가시는
없다.

백견환白絹丸선인장

[마밀라리아 렌타 · 렌타]

Mammillaria lenta

—

높이 1~2센티미터, 줄기 지름이 3~5센티미터 정도다. 주변가시는 길이 3~7밀
리미터 정도며 30~40개가 모여 달린다. 큰 가시는 없다.

열매의 길이는
약 15밀리미터다.

자주색
줄무늬

꽃은 줄기 위쪽에
달린다.

암술머리는
연한 황록색이다.

꽃의 지름은
약 25밀리미터다.

꽃잎에
자주색
줄무늬가
있다.

자주색 줄무늬

주변가시는 길이가
3〜7밀리미터 정도다.

주변가시는
30〜40개가 모여 달린다.

줄기 지름이
약 3〜5센티미터다.

줄기는 공 모양이며
위쪽은 편평하다.

줄기는 모여서
무리 지어 자란다.

약 1〜2센티미터
높이로 자란다.

백견환선인장

꽃은 봄에
흰색으로 핀다.

줄기 지름이
6~7센티미터 정도다.

백성白星선인장

[깃털선인장]

Mammillaria plumosa

[Feather Cactus]

—

높이 6~7센티미터, 줄기 지름 6~7센티미터 정도 자란다. 줄기가 모여서 이루어진 포기는 지름 40센티미터 정도 된다. 줄기는 공모양 또는 짧은 둥근기둥꼴이다. 주변가시는 길이 3~7밀리미터 정도이며, 40개 정도가 모여 달린다.

백견환*M. lenta*과는 달리
꽃잎에 자주색 줄무늬가 없다.

꽃은
봄에 핀다.

꽃은
깔때기 모양이다.

암술과 수술

깃털 모양의 주변가시는
길고 많아서 줄기를 덮는다.

꽃의 지름은
약 15밀리미터다.

주변가시의 길이는
약 3~7밀리미터며
깃털 모양이다.

주변가시는 40개 정도가
모여 달린다.

큰 가시는 없다.

주변가시는
분수 모양으로 펼쳐진다.

높이 6~7센티미터,
포기 지름이 40센티미터
정도 자란다.

줄기는 뭉쳐서 자란다.

꽃은 4~5월에
분홍색으로 핀다.

백조白鳥선인장
Mammillaria herrerae
—

줄기는 공 모양이며 지름이 2~3.5센티미터 정도 자란다. 주변가시의 길이는
1~5밀리미터 정도며, 100개 정도가 빽빽하게 모여 달린다. 큰 가시는 없다.

주변가시는
길고 많아서 줄기를 덮는다.

꽃은
분홍색으로 핀다.

줄기는
동글동글한 공 모양이다.

암술과 수술

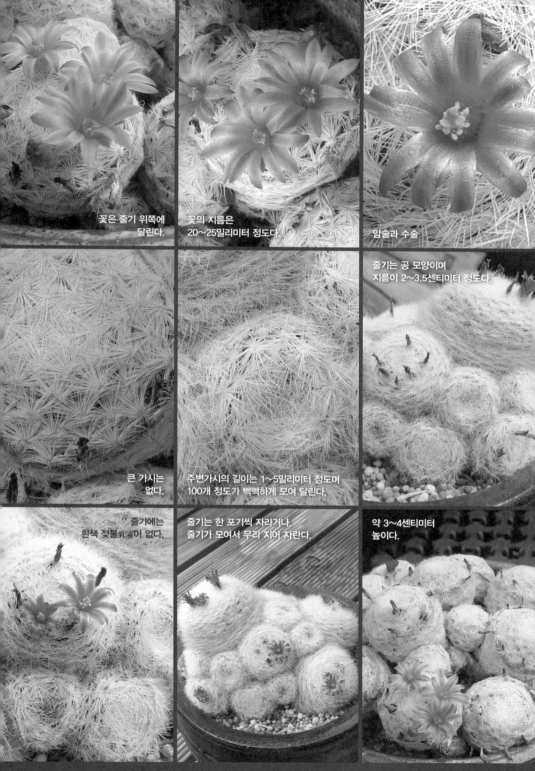

꽃은 줄기 위쪽에
달린다.

꽃의 지름은
20~25밀리미터 정도다.

암술과 수술

큰 가시는
없다.

주변가시의 길이는 1~5밀리미터 정도며
100개 정도가 빽빽하게 모여 달린다.

줄기는 공 모양이며
지름이 2~3.5센티미터 정도다.

줄기에는
흰색 젖물乳液이 없다.

줄기는 한 포기씩 자라거나,
줄기가 모여서 무리 지어 자란다.

약 3~4센티미터
높이다.

춘성春星선인장

Mammillaria humboldtii

높이 7센티미터, 줄기 지름이 7센티미터 정도다. 줄기는 공 모양이고, 밝은 초록색이며, 모여서 무리 지어 자란다. 주변가시의 길이는 4~6밀리미터이고 80개 정도가 모여 난다. 큰 가시는 없다.

꽃은 4~5월에
진한 분홍색으로 핀다.

줄기는
혹줄기로 구성된다.

주변가시가 길고 많아서
줄기를 덮게 된다.

암술과 수술

줄기는
동글동글한 공 모양이다.

암술은
황록색이다.

꽃은
줄기 위쪽에서 핀다.

꽃의 지름은
약 15밀리미터다.

큰 가시는
없다.

주변가시는 길이가
4~6밀리미터이고
80개 정도가 모여 난다.

줄기 지름이
7센티미터 정도다.

혹줄기는 초록색의 둥근기둥꼴이고
젖물이 없다.

약 7센티미터
높이다.

줄기는 공 모양이고
밝은 초록색이며 모여서
무리 지어 자란다.

꽃은 봄에
붉은색으로 핀다.

월궁전月宮殿선인장

Mammillaria senilis

—

높이 15센티미터, 줄기 지름이 10센티미터 정도 자란다. 큰 가시는 흰색이고 끝이 갈고리 모양으로 꼬부라진다. 큰 가시는 4~6개이며 길이가 30밀리미터 정도다. 주변가시는 흰색이고 길이가 20밀리미터 정도며, 30~40개가 사방으로 뻗는다.

큰 가시는 끝이
갈고리 모양으로
꼬부라진다.

열매는
청백색이다.

꼬부라진 큰 가시

줄기 위쪽은
편평하다.

꽃의 길이는
60~70밀리미터 정도다.

꽃의 지름은
약 55~60밀리미터다.

암술과 수술

주변가시는 길이가
20밀리미터 정도며
30~40개가 모여 난다.

줄기 지름이
10센티미터 정도 자란다.

큰 가시는 4~6개이며
길이가 30밀리미터 정도다.

줄기는 밝은 초록색이며
한 포기씩 또는 모여서
무리 지어 자란다.

줄기는 공 모양에서
점차 둥근기둥꼴로 변한다.

약 15센티미터
높이로 자란다.

마밀라리아 쉐인바리아나

[쉐인바리아나]

Mammillaria sheinvariana

—

높이 10센티미터 이하, 줄기 지름이 5센티미터 정도다. 주변가시는 솜털처럼 보인다. 주변가시는 길이가 6~7밀리미터 정도며 40개 정도가 모여 난다. 큰 가시는 갈고리 모양이며, 2~6개 정도고 길이가 약 9~16밀리미터다.

꽃은
초봄에 핀다.

주변가시는
솜털처럼 보인다.

솜털 같은
주변가시

주변가시

혹줄기는 주변가시에 싸여
잘 보이지 않는다.

꽃잎에
줄무늬가 있다.

꽃의 지름은
약 20밀리미터다.

암술머리

주변가시는
길이가 6~7밀리미터 정도며,
40개 정도가 모여 난다.

큰 가시

큰 가시는 갈고리 모양이며,
길이가 9~16밀리미터 정도다.

줄기 지름이
약 5센티미터다.

높이가
10센티미터 이하로 자란다.

꽃은 줄기 위쪽에
둥글게 고리 모양으로 달린다.

줄기는
뭉쳐서 자란다.

꽃은 봄에 두세 달 동안
지속하여 핀다.

금송옥金松玉선인장

[최소환最小丸 · 텍사스 돌기 선인장]

Mammillaria prolifera

[Texas Nipple Cactus]

—

높이 9센티미터, 줄기 지름이 4∼7센티미터 정도다. 가시자리에는 털이 없거나
가느다란 흰 털이 난다. 주변가시의 길이는 3∼12밀리미터 정도며, 25∼40개가
모여 달린다. 큰 가시는 보통 5∼12개 정도며, 길이가 4∼9밀리미터 정도다.

큰 가시 끝 부분은
흑갈색이다.

열매의 길이는
약 20밀리미터다.

열매는
붉은색으로 익는다.

혹줄기는
원뿔 또는 둥근기둥꼴이다.

꽃잎에
줄무늬가 있다.

꽃의 지름은
약 10～20밀리미터다.

암술과 수술

주변가시의 길이는
3～12밀리미터 정도며,
25～40개가 모여 달린다.

줄기 지름이
4～7센티미터 정도다.

큰 가시는 보통 5～12개이며
길이는 4～9밀리미터 정도다.

줄기는
뭉쳐서 자란다.

줄기는
공 모양이다.

높이가
9센티미터
정도 자란다.

꽃은 연한 노란색으로
봄에 핀다.

두위환杜威丸선인장

[마밀라리아 두웨이]

Mammillaria duwei

―

높이 2~4센티미터, 줄기 지름 3.5센티미터 정도 자란다. 주변가시는 길이가
3~4밀리미터 정도며 28~36개가 모여 달린다. 큰 가시는 0~2(~4)개씩이며 길
이가 8밀리미터 정도고, 솜털로 덮여있다.

큰 가시는 0~2(~4)개씩이며
길이가 8밀리미터 정도고
솜털로 덮여 있다.

큰 가시의 끝은
꼬부라진다.

가시자리에
흰색 털이 약간 있다.

줄기는 혹줄기로
구성된다.

꽃은 줄기 위쪽에 달린다.

꽃의 지름은 약 15~20밀리미터다.

암술과 수술

주변가시는 길이가 3~4밀리미터 정도며 28~36개가 모여 달린다.

큰 가시

주변가시

줄기 지름이 3.5센티미터 정도다.

줄기는 공 모양 또는 짧은 둥근기둥꼴이다.

줄기는 보통 모여서 무리 지어 자란다.

약 2~4센티미터 높이로 자란다.

꽃은 녹색 빛이 도는
흰색으로 봄에 핀다.

줄기 지름이
약 5센티미터다.

백조좌白鳥座선인장

[영춘환 · 영월환 · 효성환 · 당금환]

Mammillaria decipiens ssp. albescens

—

높이 8센티미터, 줄기 지름이 5센티미터 정도다. 주변가시는 3~6개가 모여 달린
다. 큰 가시는 보통 1개씩 달리며 길이 15밀리미터 정도이다. 큰 가시의 아래쪽은
흰색이며 위쪽은 갈색이다.

줄기는
혹줄기로
구성된다.

암술과 수술

혹줄기는
원뿔 모양이다.

꽃의 지름은
약 10밀리미터다.

암술과 수술

꽃은
줄기 위쪽에
달린다.

주변가시는
얇고 흰색이며
구부러진다.

큰 가시

큰 가시의 아래쪽은 흰색이며
위쪽은 흑갈색이다.

큰 가시

주변가시

줄기는 빽빽하게 모여서
무리 지어 자란다.

가시자리에 약간의
강한 털과
솜털이 있다.

약 8센티미터
높이다.

꽃은 봄에
흰색으로 핀다.

줄기는
혹줄기로 구성된다.

가문환嘉汶丸선인장

[마밀라리아 카르메나이 · 카르메내선인장]

Mammillaria carmenae

—

높이 4~10센티미터, 줄기 지름이 3~4센티미터 정도다. 주변가시는 길이가 약 5밀리미터고 100개 정도가 모여 난다. 큰 가시는 없다. 열매는 연한 초록색, 씨앗은 검은색이다.

주변가시는 분수처럼
사방으로 펼쳐진다.

주변가시가 길고 많아서
줄기를 덮는다.

꽃의 중심부는
초록색이다.

꽃은
줄기 위쪽에 달린다.

꽃의 지름은
약 11밀리미터다.

암술과 수술

큰 가시는 없다.

주변가시는 길이가 약 5밀리미터고
100개 정도가 모여 난다.

줄기 지름이
3~4센티미터 정도다.

혹줄기는
원뿔 모양이고
젖물이 없다.

줄기는 공 모양이며,
모여서 무리 지어 자란다.

약 4~10센티미터
높이로 자란다.

꽃은 줄기 아래쪽에
둥글게 고리 모양으로 달린다.

신혜神慧선인장

[마밀라리아 후잇치로포크틀리]

Mammillaria huitzilopochtli
—

높이 15센티미터, 줄기 지름이 6~8센티미터 정도 자란다. 주변가시는 길이가
2.5~3.5밀리미터 정도며 15~30개가 모여 달린다. 큰 가시는 보통 0~1개씩 나
며 길이가 4~20밀리미터 정도다.

큰 가시의 길이는
약 4~20밀리미터다.

열매는 둥근기둥꼴이며
길이가 15밀리미터 정도고
붉은색으로 익는다.

10월의 꽃

큰 가시는
검은색이다.

꽃의 지름은
약 12~15밀리미터다.

꽃은
진한 분홍색으로 핀다.

암술과 수술

주변가시는 길이가
2.5~3.5밀리미터 정도며
15~30개가 모여 달린다.

줄기 지름이
6~8센티미터
정도 자란다.

큰 가시는
보통 0~1개씩 난다.

줄기 위쪽은
편평하고 오목하다.

줄기는 납작한 공 모양이지만
점차 둥근기둥꼴로 바뀐다.

약 15센티미터
높이까지 자란다.

꽃은
봄에 노란색으로 핀다.

혹줄기가 모여 등줄기가 되며
등줄기는 깊이가 얕다.

마밀라리아 린샤이

Mammillaria lindsayi

—

보통 높이 12~15센티미터, 줄기 지름이 12~15센티미터 정도 자란다. 등줄기는 12~21줄이 배열된다. 주변가시는 길이가 2~8밀리미터 정도며 10~14개가 모여 달린다. 큰 가시는 보통 2~5개 정도며 길이가 4~12밀리미터 정도도.

열매의 길이는
약 20밀리미터다.

등줄기는
12~21줄이 배열된다.

큰 가시

꽃은
줄기 위쪽에 달린다.

꽃의 지름은
약 15~20밀리미터다.

암술과 수술

큰 가시는 보통 2~5개 정도며
길이가 약 4~12밀리미터다.

줄기 지름이
12~15센티미터 정도다.

주변가시는
길이가 2~8밀리미터 정도며
10~14개가 모여 달린다.

줄기는 공 모양이며
젖물乳液이 있다.

원산지에서는
줄기 지름 1미터까지
커지기도 한다.

보통 12~15센티미터
높이로 자란다.

꽃은 봄에
노란색으로 핀다.

혹줄기는
원뿔 모양이다.

마밀라리아 멜랄레우카

[메라레우카 · 멜라루카]

Mammillaria melaleuca

—

줄기의 지름은 약 6~7센티미터고 암녹색이며 공 모양이다. 큰 가시는 보통 한 개다. 주변가시는 8~12개이며 곧고, 사방으로 뻗는다. 주변가시 위쪽 네 개는 갈색이고 약간 더 길며, 아래쪽 가시는 흰색이다.

줄기는 혹줄기로 구성된다.

수술과
암술

큰 가시

큰 가시는 자갈색이며
가늘고 단단하다.

꽃은
줄기 위쪽에 달린다.

꽃의 길이와 지름이
약 3센티미터다.

암술과 수술

주변가시는 8～12개이며 곧고,
사방으로 뻗는다.

주변가시 위쪽 네 개는 갈색이며,
아래쪽 가시는 흰색이다.

줄기의 지름은
약 6～7센티미터다.

혹줄기는
두껍고 억세며
젖물은 없다.

약 6～7센티미터
높이로 자란다.

줄기는 보통 한 포기씩 자라지만,
가끔 모여서 무리 지어 자란다.

마밀라리아 멜랄레우카

암흑옥暗黑玉선인장

[암흑왕暗黑王 · 취신옥醉神玉]

Eriosyce subgibbosa var. clavata

—

높이 20센티미터, 줄기 지름이 10센티미터 정도 자란다. 줄기는 처음에는 공 모양이지만 점차 둥근기둥꼴로 변한다. 등줄기는 12줄 내외이고, 주변가시의 길이는 약 25밀리미터며 2~8개가 모여 난다. 큰 가시는 보통 네 개 정도며 길이가 35밀리미터 정도다.

꽃은 초봄에
자홍색으로 핀다.

등줄기는
깊이가 얕다.

가시는 회색이지만
가시 끝은 검은색이다.

암술

혹줄기가 모여
등줄기가 된다.

꽃의 길이는
약 2~4센티미터다.

꽃의 지름은
약 4센티미터다.

암술머리는
연한 분홍색이다.

큰 가시는 보통 네 개이며
길이가 약 35밀리미터다.

주변가시의 길이는
약 25밀리미터며
2~8개가 모여 난다.

줄기 지름이
약 10센티미터다.

줄기는 보통 한 포기씩 자라지만,
간혹 가지가 갈라지기도 한다.

등줄기는
12줄 내외다.

약 20센티미터
높이로 자란다.

꽃은 줄기 위쪽에
분홍색으로 핀다.

큰 가시는
보통 4개 정도다.

환용옥幻龍玉선인장

Eriosyce subgibbosa var. wagenknechtii

[Neoporteria rwagenknechtii]

—

높이 15~30센티미터, 줄기 지름이 10센티미터 정도 자란다. 등줄기는 20줄 내
외이고, 주변가시는 길이가 약 15~25밀리미터며 8~30개가 모여 난다. 큰 가시
는 보통 네 개이며 길이가 약 20~35밀리미터다.

열매는 길이가
15~20밀리미터 정도다.

암술머리는
5갈래로 갈라진다.

혹줄기가 모여 등줄기가 된다.

꽃은
길이 22밀리미터 정도다.

꽃은
지름 3센티미터 정도다.

암술과 수술

큰 가시는
길이 20~35밀리미터
정도다.

줄기 지름 10센티미터 정도다.

주변가시는
길이 15~25밀리미터 정도며
8~30개가 모여 난다.

등줄기는 20줄 내외이다.

줄기는 보통
한 포기씩 자라지만,
갈라지기도 한다.

높이 15~30센티미터 정도 자란다.

역룡옥逆龍玉선인장

[요기옥 · 아구진옥]

Eriosyce subgibbosa

—

높이 15~30센티미터, 줄기 지름이 10센티미터 정도 자란다. 줄기는 처음에는 공 모양이지만 점차 둥근기둥꼴로 된다. 등줄기는 20줄 내외이며 높이가 10밀리미터 정도다. 큰 가시는 네 개이며 길이가 20밀리미터 정도다. 주변가시는 8~30개 정도가 모여 나며 길이가 약 15밀리미터다.

꽃은 늦겨울~초봄에 분홍색으로 핀다.

혹줄기가 모여 등줄기가 된다.

열매는 달걀꼴卵形에서 점차 둥근기둥꼴로 바뀐다.

꽃은 줄기 위쪽에 달린다.

줄기 위쪽은 편평하다.

꽃의 길이는
약 40~50밀리미터다.

꽃의 지름은
약 50밀리미터다.

암술

큰 가시는 네 개이며
길이가 약 20밀리미터다.

주변가시는 8~30개가 모여 나며
길이가 약 15밀리미터다.

줄기 지름이
약 10센티미터 자란다.

줄기는 보통 한 포기씩 자라거나
모여서 무리 지어 자라게 된다.

등줄기는
20줄 내외다.

약 15~30센티미터
높이로 자란다.

꽃은 봄에
분홍빛 자주색으로 핀다.

거륜하트輪蝦선인장
Echinocereus scopulorum

[Sonoran Rainbow Cactus]

—

줄기 길이 20~40센티미터, 줄기 지름 4~6센티미터 정도 자란다. 등줄기는 보통 13~19줄이 배열된다. 큰 가시는 없거나 1~4개가 있다. 주변가시의 길이는 약 2~12밀리미터이고 12~17개가 모여 난다.

등줄기는 뾰족하고
깊이가 얕다.

꽃잎이 떨어진 후

암술

줄기는 모여서
무리 지어 자라며
둥근기둥꼴이다.

꽃은 길이가
약 7～10센티미터다.

꽃의 지름은
약 5～8센티미터다.

암술머리는
녹색이다.

줄기 지름이
4～6센티미터 정도 자란다.

큰 가시는 없거나
1～4개가 있다.

주변가시는
길이가 2～12밀리미터 정도고
12～17개가 모여 난다.

등줄기는
보통 13～19줄이
배열된다.

주변가시는
수평으로 펼쳐진다.

줄기 길이가
20～40센티미터
정도 자란다.

꽃은 5~6월에
자줏빛이 도는
밝은 분홍색으로 핀다.

큰 가시는
1~3개 정도다.

금룡金龍선인장

[금기錦旗]

Echinocereus berlandieri

줄기는 길이가 (10~)20~36센티미터, 지름이 15~30밀리미터 정도 자란다. 등
줄기는 보통 5~7줄이 배열된다. 큰 가시는 1~3개 정도며 길이가 약 30밀리미터
다. 주변가시의 길이는 약 8~10밀리미터이고 6~9개가 모여 나며 곧고 딱딱하
며 흰색이다.

혹줄기가 모여
등줄기가 된다.

암술과 수술

혹줄기는
뾰족한 원뿔 모양이다.

꽃의 중심부는
흑적색이다.

꽃의 지름은
약 6~9센티미터다.

암술머리는
초록색이다.

큰 가시는
1~3개 정도다.

큰 가시

주변가시의 길이는
약 8~10밀리미터이고
6~9개가 모여 난다.

줄기 지름이
약 15~30밀리미터로 자란다.

줄기 길이가
(10~)20~36센티미터
정도다.

줄기는 땅을 기며
옆으로 퍼지거나
아래로 늘어진다.

등줄기는
보통 5~7줄이 배열된다.

금룡선인장

꽃은
봄에 밝은 분홍색으로 핀다.

미화각美花閣선인장

[화잠花簪 · 숙녀 손가락 선인장]

Echinocereus pentalophus
—

줄기는 길이 20∼100센티미터, 지름 15∼20밀리미터 정도 자란다. 등줄기는 보통 4∼7줄이 배열된다. 큰 가시는 없거나 한 개가 있다. 주변가시는 길이가 5∼15밀리미터 정도고 4∼7개가 모여 나며 딱딱하고 황갈색이다.

혹줄기가 모여
등줄기가 된다.

꽃은
넓은 나팔 모양이다.

등줄기의 깊이가
얕은 편이다.

암술과
수술

꽃의 중심부는 녹백색이다.

꽃의 지름은
약 9~10센티미터 정도다.

암술머리는
초록색이다.

큰 가시는 없거나
한 개가 있다.

주변가시는 길이가
5~15밀리미터 정도고,
4~7개가 모여 나며
딱딱하고 황갈색이다.

큰 가시

주변가시

줄기 지름이
약 15~20밀리미터
자란다.

큰 가시

줄기는 땅을 기며
옆으로 퍼지거나
아래로 늘어진다.

줄기 길이가
20~100센티미터 정도다.

꽃은 초여름에
자줏빛이 도는
분홍색으로 핀다.

단자구자하短刺九刺蝦선인장

Echinocereus enneacanthus ssp. brevispinus

—

줄기는 길이 100센티미터, 지름이 5〜14센티미터 정도 자란다. 등줄기는 보통
6〜12줄이 배열된다. 큰 가시는 1(〜3)개 정도며 길이가 10〜20(〜25)밀리미터
정도다. 주변가시는 5〜9개가 모여 나며 길이가 약 10〜20밀리미터다.

혹줄기가 모여
등줄기가 된다.

등줄기의 깊이가
얕은 편이다.

암술머리는
초록색이다.

암술과 수술

꽃은 나팔 모양으로
펼쳐진다.

꽃의 지름은
약 8~12센티미터다.

꽃 중심부의 색깔도
분홍색이다.

줄기 지름이
5~14센티미터 정도 자란다.

큰 가시는 1(~3)개이며
길이가 10~20(~25)밀리미터 정도다.

주변가시는 5~9개가 모여 나며
길이가 10~20밀리미터 정도다.

줄기가 처음에는 곧게 서지만,
점차 비스듬히 옆으로 퍼진다.

줄기의 길이가
100센티미터 정도 자란다.

등줄기는
보통 6~12줄이 배열된다.

꽃은 봄에 밝은
분홍색으로 핀다.

줄기는 둥근기둥꼴이며,
겉줄기가 잘 갈라진다.

주모주珠毛柱선인장

Echinocereus schmollii

[Lamb's Tail Cactus]

—

줄기는 길이 15~25센티미터, 지름 11밀리미터 정도 자란다. 등줄기는 보통
9~10줄이 배열된다. 큰 가시는 없고 주변가시의 길이는 약 7밀리미터며 35개가
모여 난다.

꽃은
밝은 분홍색으로 핀다.

암술머리는
초록색이다.

줄기는 모여서
무리 지어 자란다.

꽃의 길이는
약 35〜40밀리미터다.

꽃의 지름은
5〜6센티미터 정도다.

꽃은
넓은 나팔 모양이다.

큰 가시는
없다.

주변가시는
길이가 약 7밀리미터 정도고
35개가 모여 난다.

줄기 지름이
11밀리미터
정도 자란다.

등줄기의 깊이가
얕은 편이다.

등줄기는
보통 9〜10줄이
배열된다.

줄기 길이가
15〜25센티미터
정도 자란다.

꽃은 봄에 밝은
분홍색, 노란색, 흰색 등으로 핀다.

태양太陽선인장

Echinocereus rigidissimus
—

줄기는 높이 10~20센티미터, 지름 3~6센티미터 정도 자란다. 등줄기는 보통 (12~)20~23줄이 배열된다. 큰 가시는 1~6개 정도며 길이가 1~25밀리미터다. 주변가시는 16~30개가 모여 나며, 옆으로 펼쳐지면서 서로 뒤엉킨다.

등줄기는 뾰족하며
깊이가 깊은 편이다.

꽃은
줄기 위쪽에 달린다.

꽃잎에
흑갈색 줄무늬가 있다.

가시자리에
흰색 솜털이 있다.

꽃의 중심부는
초록색이다.

꽃의 길이
6〜8센티미터 정도다.

암술머리는
초록색이다.

큰 가시는 1〜6개 정도며
길이가 1〜25밀리미터다.

주변가시는
길이가 5〜10밀리미터 정도고
16〜30개가 모여 난다.

줄기 지름이
약 3〜6센티미터 자란다.

주변가시는
옆으로 펼쳐지면서
서로 뒤엉킨다.

등줄기는
보통 (12〜)20〜23줄이
배열된다.

줄기의 높이는
10〜20센티미터
정도 자란다.

꽃은 봄에
밝은 분홍색으로 핀다.

적태양赤太陽선인장

[태양 · 자태양]

Echinocereus rigidissimus var. rubispinus

[Arizona Ruby Rainbow Hedgehog]

—

줄기는 높이 20~25센티미터, 지름이 5~7센티미터 정도 자란다. 등줄기는
18~26줄로 배열된다. 주변가시는 줄기 표면과 수평으로 펼쳐져서 서로 뒤엉킨
다. 큰 가시는 없다.

큰 가시는
없다.

꽃의 중심부는
흰색에 가깝다.

암술과 수술

주변가시는
적갈색이다.

꽃은
넓은 나팔 모양이다.

꽃의 지름은
약 7~10센티미터다.

암술머리는
암적갈색이다.

주변가시는 줄기 표면과
수평으로 펼쳐져서
서로 뒤엉킨다.

주변가시는 길이가
6~10밀리미터 정도고
30~35개가 모여 난다.

줄기 지름이
5~7센티미터 정도다.

꽃봉오리

줄기는 대개 한 개씩 자라고
둥근기둥꼴이며 곧게 선다.

약 20~25센티미터
높이로 자란다.

꽃은 여름에
흰색으로 핀다.

대릉주大稜柱선인장

Echinopsis macrogona

—

높이 2~3미터, 줄기 지름 5~9센티미터 정도 자란다. 등줄기는 6~9줄이 배열
된다. 주변가시는 6~9개가 모여 나며 길이가 약 4밀리미터다.

큰 가시는
없다.

암술과
수술

등줄기의 깊이가
깊은 편이다.

꽃은
흰색으로 핀다.

꽃의 길이는
약 18센티미터다.

꽃의 지름은
약 12센티미터다.

암술과 수술

주변가시의 길이는
약 4밀리미터다.

주변가시는
6~9개가
모여 난다.

줄기 지름이
약 5~9센티미터다.

등줄기는
6~9줄이 배열된다.

줄기는 곧게 서며
둥근기둥꼴이다.

약 2~3미터
높이로 자란다.

대룡주선인장

꽃은 봄~여름에
흰색으로 핀다.

단모환短毛丸선인장

Echinopsis eyriesii

—

줄기는 길이 30센티미터, 지름 12~15센티미터 정도 자란다. 등줄기는 11~18줄이 배열된다. 주변가시는 약 2밀리미터로 매우 짧으며 10개 정도다. 큰 가시는 4~8개 정도다.

등줄기는 뾰족하고
깊이가 깊은 편이다.

줄기는 한 포기씩
또는 모여서
무리 지어 자란다.

꽃은
줄기 위쪽에 달린다.

암술과
수술

꽃의 길이는
17∼25센티미터 정도다.

꽃의 지름은
약 7센티미터다.

암술과 수술

주변가시는 길이가 약 2밀리미터로
매우 짧으며 10개 정도다.

큰 가시는
4∼8개 정도다.

줄기 지름이
12∼15센티미터 정도다.

등줄기는
11∼18줄이 배열된다.

줄기는
둥근기둥꼴이다.

줄기 길이가
약 30센티미터로 자란다.

꽃은 늦봄에
연한 분홍색으로 핀다.

왕성환旺盛丸선인장

[예릉해담銳稜海膽 · 장성환長盛丸]

Echinopsis oxygona

—

줄기는 길이 30센티미터, 지름 10센티미터 정도 자란다. 등줄기는 10~15줄이 배열된다. 주변가시의 길이는 약 2밀리미터로 매우 짧으며 3~10개 정도다.

등줄기는 뾰족하고
깊이가 깊은 편이다.

줄기는 공 모양 또는
짧은 둥근기둥꼴이다.

암술과 수술

꽃은
연한 분홍색으로 핀다.

꽃의 길이는
12~15센티미터 정도다.

꽃의 지름은
약 9센티미터다.

암술과 수술

큰 가시는 4~8개 정도며
길이가 7밀리미터 정도다.

주변가시는 길이가
약 2밀리미터 정도로 매우 짧으며,
3~10개 정도다.

줄기 지름이
약 10센티미터다.

줄기는 한 포기씩 또는
모여서 무리 지어 자란다.

등줄기는
10~15줄이
배열된다.

줄기 길이가
약 30센티미터로
자란다.

꽃은 봄~여름에
붉은색으로 핀다.

백단白檀선인장

[땅콩선인장 · 여이달女伊達]

Echinopsis chamaecereus

[*Chamaecereus sylvestrii*]

—

줄기는 길이 10센티미터, 지름 15~20밀리미터 정도 자란다. 등줄기는 6~11줄
이 배열된다. 큰 가시는 1~4개 정도며 길이가 약 5~6밀리미터다. 주변가시의
길이는 약 2~4밀리미터이고 10~15개가 모여 난다.

큰 가시의 길이는
5~6밀리미터 정도다.

꽃은
붉은색으로 핀다.

꽃잎은 3~4줄로
배열된다.

등줄기는 깊이가 얕은 편이다.

꽃의 길이는
약 3센티미터다.

꽃의 지름은
약 4~5센티미터다.

암술과 수술

큰 가시는
1~4개 정도다.

주변가시는
길이가 2~4밀리미터 정도고
10~15개가 모여 난다.

줄기 지름이
15~20밀리미터 정도다.

등줄기는
6~11줄이 배열된다.

줄기는 모여서 무리 지어 자라며,
비스듬히 위로 서거나 옆으로 눕는다.

줄기는 보통 길이가
10센티미터 정도다.

꽃은 봄에
붉은색으로 핀다.

혹줄기가 모여
등줄기가 된다.

붉은군주선인장

[핫 립스]

Echinopsis 'Hot Lips'

—

줄기는 길이 30센티미터, 지름 8센티미터 정도 자란다. 등줄기는 13~16줄이 배열된다. 주변가시는 길이가 2~8밀리미터 정도다. 주변가시는 곧고 딱딱하며 회백색이다. 주변가시는 10~15개 정도가 모여 난다.

꽃은
붉은색으로 핀다.

암술과 수술

등줄기의 깊이가
얕은 편이다.

꽃의 길이는
약 15∼20센티미터다.

꽃의 지름은
약 10∼11센티미터다.

암술과 수술

주변가시는
10∼15개 정도가
모여 난다.

주변가시의 길이는
2∼8밀리미터 정도다.

줄기 지름이
약 8센티미터다.

줄기의 길이는
약 30센티미터다.

줄기 위쪽은
약간 오목하다.

등줄기는
13∼16줄이
배열된다.

꽃은 여름에 붉은색,
주황색으로 핀다.

혹줄기가 모여
등줄기가 된다.

상양환湘陽丸선인장

Echinopsis bruchii

—

줄기는 높이 50센티미터, 지름 30센티미터 정도 자란다. 줄기는 일반적으로 한 포기씩 자라며, 공 모양이다. 등줄기는 뾰족하며 50줄이 배열된다. 큰 가시는 네 개이며 길이가 50밀리미터 정도다. 주변가시는 길이가 25밀리미터 정도고 9~14 개가 모여 난다.

꽃은 줄기 위쪽에
둥글게 고리 모양으로 달린다.

꽃잎은 활짝 펼쳐진다.

등줄기의
깊이가 얕다.

꽃봉오리

꽃의 지름은
약 5센티미터다.

암술과 수술

큰 가시는 네 개이며,
길이가 약 50밀리미터다.

줄기 지름이
약 30센티미터다.

주변가시의 길이는 약 25밀리미터고,
9~14개가 모여 나며 곧고 딱딱하다.

높이가
50센티미터 정도 자란다.

등줄기는
납작하게 뾰족하다.

등줄기는
50줄이 배열된다.

꽃은
6월에 핀다.

혹줄기가 모여
등줄기가 된다.

카마엘로비비아 '폴리나'

[파울리나]

Chamaelobivia 'Paulina'

줄기는 높이 10~30센티미터, 지름 4~5센티미터 정도 자란다. 등줄기는 보통 12~13줄이 배열된다. 큰 가시는 없거나 한 개가 있으며 길이가 7~10밀리미터 정도다. 주변가시는 길이가 5밀리미터 정도고 5~11개가 모여 난다.

꽃은
줄기 위쪽에
달린다.

꽃

등줄기의 깊이가
얕은 편이다.

꽃은 자줏빛
분홍색으로 핀다.

꽃은 길이 5센티미터,
지름 5~6센티미터 정도다.

암술과 수술

큰 가시는
보통 없거나
한 개가 있다.

주변가시의 길이는
약 5밀리미터고
5~11개가 모여 난다.

줄기 지름이
4~5센티미터
정도 자란다.

줄기는 모여서
무리 지어 자란다.

등줄기는
보통 12~13줄이
배열된다.

높이가 10~30센티미터
정도 자란다.

꽃은 봄에
노란색으로 핀다.

등줄기는
뾰족하다.

광자환廣刺丸선인장

[큰솔통선인장]

Echinocactus platyacanthus

[Giant Barrel Cactus · Biznaya Gigante]

―

줄기는 높이 50~250센티미터, 지름 40~80센티미터 정도 자란다. 등줄기
는 (5~)21~24(~60)줄이 배열되며 숫자의 변화가 심하다. 주변가시는 길이가
3~4센티미터 정도고 4(~10)개가 모여 나며 곧고 딱딱하며 황갈색이다. 큰 가
시는 3~4개 정도며 길이가 약 8~10센티미터다. 열매는 길이가 5~7센티미터
정도다.

꽃은
줄기 위쪽에
달린다.

암술과 수술

꽃봉오리

꽃은 줄기 위쪽에
달린다.

꽃의 지름은
약 3~7센티미터다.

암술과 수술

큰 가시는 3~4개 정도며
길이가 8~10센티미터 정도다.

주변가시는
길이 3~4센티미터 정도고
4(~10)개가 모여 난다.

줄기 지름이
40~80센티미터
정도 자란다.

등줄기 숫자는
변화가 심하다.

약 50~250센티미터
높이까지 자란다.

등줄기의 깊이가
깊은 편이다.

꽃은 봄에
연분홍색으로 핀다.

혹줄기가 모여
등줄기가 된다.

능파綾波선인장

[캔디선인장]

Echinocactus texensis

[Candy Cactus]

—

높이 10~30센티미터, 줄기 지름 10~30센티미터 정도 자란다. 줄기는 보통 한
포기씩 자라며 공 모양이다. 등줄기는 13~27줄이 배열된다. 주변가시는 길이가
3~5센티미터 정도고, (5)6~7개가 모여 나며 곧고, 가로 줄무늬가 있다. 큰 가시
는 한 개씩이며 길이가 4~6센티미터 정도다.

꽃의 중심부는
붉은색이다.

꽃은 줄기 위쪽에
모여서 핀다.

등줄기의 깊이가
깊은 편이다.

꽃의 길이는
약 5～6센티미터다.

꽃의 지름은
약 5～6센티미터다.

암술과 수술

큰 가시는 한 개씩이고
길이가 4～6센티미터 정도다.

주변가시는
길이가 3～5센티미터 정도고
(5)6～7개가 모여 난다.

줄기 지름이
10～30센티미터 정도다.

흰색의
가시자리

가시자리

등줄기는
13～27줄이 배열된다.

약 10～30센티미터
높이로 자란다.

꽃은 봄~여름에
분홍색으로 핀다.

태평환太平丸선인장

[사탄 머리 선인장 · 뇌제雷帝]

Echinocactus horizonthalonius

[Devil's-Head Cactus · Blue Barrel]

높이 30센티미터, 줄기 지름 15~20센티미터 정도다. 등줄기는 8(5~13)줄이 배
열된다. 큰 가시는 1(~3)개 정도며, 길이가 약 4센티미터다. 주변가시의 길이는
약 25밀리미터고, 5(~8)개가 모여 나며, 곧고 딱딱하다.

등줄기는 폭이 넓고,
끝이 둔하다.

암술과 수술

꽃의 중심부는
진한 붉은색이다.

줄기는 한 개씩 자라며
공 모양에서 점차 짧은
둥근기둥꼴로 변한다.

꽃의 길이는
약 3센티미터다.

꽃의 지름은
약 5~6센티미터다.

암술과 수술

큰 가시는
1(~3)개 정도다.

줄기 지름이
15~20밀리미터 정도다.

주변가시는 길이가 약 25밀리미터고,
5(~8)개가 모여 나며 곧고 딱딱하다.

혹줄기는 수직으로
거의 합쳐진다.

등줄기는
8(5~13)줄이 배열된다.

약 30센티미터
높이로 자란다.

태평환선인장

꽃은 여름에
노란색으로 핀다.

등줄기는
좁고 뾰족하다.

암巖선인장

[암 · 장대환壯大丸]

Echinocactus ingens

—

줄기는 높이 25~250센티미터, 지름 20~150센티미터까지 대형으로 자란다. 줄기는 한 포기씩 자라며 둥근기둥꼴이다. 등줄기는 6~48줄이 배열되며 나이가 들수록 등줄기 숫자가 증가한다. 주변가시의 길이는 15밀리미터 정도고 4~8개가 모여 나며 곧고 딱딱하며 황갈색이다. 큰 가시는 한 개씩이며 길이가 25~30밀리미터 정도다.

꽃은 줄기 위쪽에
모여 달린다.

암술과 수술

줄기 위쪽은 편평하며
황백색 가시자리로 덮인다.

꽃은 줄기 위쪽에
모여서 핀다.

꽃은 길이 2센티미터,
지름 3센티미터 정도다.

암술과 수술

큰 가시는 한 개씩이며,
길이가 25~30밀리미터 정도다.

줄기 지름이
20~150센티미터까지
대형으로 자란다.

주변가시의 길이는 약 15밀리미터고,
4~8개가 모여 나며 곧고 딱딱하며
황갈색이다.

가시자리는
솜털로 덮인다.

등줄기는
6~48줄이 배열된다.

약 25~250센티미터
높이까지 자란다.

단자금호短刺金琥선인장

[무자금호無刺金琥]

Echinocactus grusonii* var. *subinermis

—

높이는 보통 90~130센티미터, 줄기 지름이 90센티미터 정도다. 등줄기는 30~35줄이 배열된다. 가시는 길이가 1~5밀리미터 정도로 아주 짧다. 가시는 20개 정도가 모여 나며 흰색이다. 금호선인장*E. grusonii*와 비슷하지만 가시 길이가 아주 짧아서 구별할 수 있다.

꽃은 늦봄~초여름에 노란색으로 핀다.

혹줄기가 모여 등줄기가 된다.

꽃은 줄기 위쪽에 모여서 달린다.

암술과 수술

줄기 위쪽은 약간 오목하며 가시자리로 덮인다.

꽃의 길이는
약 4~6센티미터다.

꽃은 지름이
3~5센티미터 정도다.

암술과 수술

가시는 20개 정도가
모여 나며 흰색이다.

가시의 길이는
1~5밀리미터 정도로
아주 짧다.

줄기 지름
90센티미터
정도다.

등줄기는 납작하게 뾰족하고
깊이가 깊은 편이다.

등줄기는
30~35줄이
배열된다.

높이는
보통 90~130센티미터 정도다.

꽃은 줄기 위쪽에
둥글게 고리 모양으로 달린다.

가시자리는
연한 황백색이다.

금호金琥선인장

Echinocactus grusonii

[Golden Barrel Cactus]

—

줄기는 높이 90～130센티미터, 지름 80센티미터 정도 자란다. 큰 가시는 3～5개
정도며 길이가 5센티미터 정도다. 주변가시의 길이는 약 3센티미터고 8～10개가
모여 난다.

꽃은
줄기 위쪽에
달린다.

암술과 수술

등줄기는 납작하며
깊이가 깊은 편이다.

꽃의 길이는
약 4∼6센티미터다.

꽃의 지름은
약 3∼5센티미터다.

암술과 수술

큰 가시는 3∼5개 정도며
길이가 5센티미터 정도다.

주변가시의 길이는
약 3센티미터고
8∼10개가 모여 난다.

줄기 지름이
80센티미터 정도다.

줄기는
한 포기씩 자라며
공 모양이다.

등줄기는
20∼30줄이 배열된다.

약 90∼130센티미터
높이로 자란다.

백자금호白刺金琥선인장

Echinocactus grusonii var. albispinus

[White Barrel Cactus · White Ball Cactus]

—

금호선인장*E. grusonii*의 가시와 가시자리는 연한 황백색인데 비해 백자금호선인장의 가시와 가시자리는 흰색이다.

꽃은 줄기 위쪽에 둥글게 고리 모양으로 달린다.

가시자리는 흰색이다.

열매의 길이는 약 2센티미터다.

가시는 흰색이다.

색깔비교
금호선인장
E. grusonii

백자금호선인장
E. grusonii var. albispinus

꽃의 지름은 약 3〜5센티미터다.

암술과 수술

꽃의 길이는
4〜6센티미터 정도다.

큰 가시는 3〜5개 정도며
길이가 5센티미터 정도다.

줄기 지름이 약 80센티미터다.

주변가시는 길이가 3센티미터 정도고
8〜10개가 모여 나며 흰색이다.

등줄기는
20〜30줄이
배열된다.

줄기는 한 포기씩 자라며
공 모양이다.

높이는
보통 90〜130센티미터 정도다.

용옥龍玉선인장

[측릉옥縮稜玉 · 유옥柳玉]

Stenocactus crispatus

[*Echinofossulocactus crispatus*]

—

줄기는 높이 15센티미터, 지름 8~12센티미터 정도 자란다. 등줄기는 보통 30~60줄이 배열된다. 큰 가시는 1~4개 정도며 길이가 18~50밀리미터, 폭 1.5~3밀리미터 정도다. 큰 가시는 넓적하고 끝은 검은색이다. 주변가시는 길이가 6~10밀리미터 정도고, 보통 2~10개가 모여 나며 약간 안으로 휜다.

꽃은 이른 봄에
보라색으로 핀다.

큰 가시는
1~4개 정도다.

꽃은 줄기 위쪽에
뭉쳐서 핀다.

암술과
수술

등줄기의 깊이가
얕은 편이다.

꽃잎에 진한 자주색
줄무늬가 있다.

꽃은 길이 20~25밀리미터,
지름 25밀리미터 정도다.

암술과
수술

큰 가시는 길이 18~50밀리미터,
폭 1.5~3밀리미터 정도다.

주변가시의 길이는
6~10밀리미터 정도고,
보통 2~10개가 모여 나며
약간 안으로 휜다.

줄기 지름이
8~12센티미터 정도 자란다.

약 15센티미터
높이로 자란다.

등줄기는 매우 얇고
물결 모양으로 주름이 진다.

등줄기는
보통 30~60줄이 배열된다.

꽃은
이른 봄에 핀다.

큰 가시는 넓적하고
가시 끝은 검은색이다.

진무옥振武玉선인장
Stenocactus multicostatus 'Lloydii'

[*Echinofossulocactus lloydii*]

—

줄기는 높이 7∼20센티미터, 지름이 8∼15센티미터 정도 자란다. 등줄기는 보통
56(50∼100)줄이 배열된다. 큰 가시는 1∼2개 정도며 길이가 20∼25밀리미터
정도다. 주변가시는 길이가 10∼15밀리미터 정도고, 보통 5∼6개가 모여 나며
약간 안으로 휜다.

꽃은 줄기 위쪽에
모여 핀다.

등줄기는 약간 주름이 지며
매우 얇고 물결 모양으로
구불구불하다.

암술과 수술

꽃은 흰색으로 피며,
꽃잎에 자주색 줄무늬가 있다.

꽃은 길이 20밀리미터,
지름 25밀리미터 정도다.

암술과 수술

줄기 지름이
8~15센티미터 정도 자란다.

큰 가시는 1~2개 정도며,
길이 20~25밀리미터 정도다.

주변가시의 길이는
10~15밀리미터 정도고,
보통 5~6개가 모여 나며
약간 안으로 휜다.

줄기는
보통 한 포기씩 자란다.

등줄기는
보통 56(50~100)줄이 배열된다.

약 7~20센티미터
높이로 자란다.

꽃은 초봄에
분홍색으로 핀다.

큰 가시는 넓적하고
가시 끝은 검은색이다.

축옥縮玉선인장

[혜성용彗星龍 · 뇌선인장]

Stenocactus multicostatus 'zacatecasensis'

—

줄기는 높이 10센티미터, 지름 10센티미터 정도 자란다. 등줄기는 보통 30~40
줄이 배열된다. 등줄기는 매우 얇으며 주름이 지고 물결 모양이다. 큰 가시는 넓
적하고 1~3개 정도며 길이가 3센티미터 정도다. 주변가시는 4~6개가 모여 나
며 길이가 약 1센티미터다.

꽃은 줄기 위쪽에
달린다.

암술과
수술

등줄기는
매우 얇고 깊이가 얕다.

꽃잎에
붉은색 줄무늬가 있다.

꽃의 지름은
약 20밀리미터다.

암술과 수술

주변가시는 4~6개가 모여 나며
길이가 약 1센티미터다.

줄기 지름이
10센티미터 정도 자란다.

큰 가시는 1~3개 정도며
길이가 약 3센티미터다.

등줄기는
보통 30~40줄이
배열된다.

약 10센티미터
높이로 자란다.

등줄기는 주름이 지고
물결 모양이다.

태도남太刀嵐선인장

[엽자옥葉刺玉 · 백옥白玉]

Stenocactus phyllacanthus

[*Echinocactus phyllacanthus*]

—

줄기는 높이 15센티미터, 지름 9~10센티미터 정도 자란다. 줄기는 납작한 공 모양이지만 점차 둥근기둥꼴이 되고 보통 한 포기씩 자란다. 등줄기는 33~51(26~60)줄이 배열된다. 큰 가시는 1~2(~3)개 정도다. 주변가시는 보통 4(2~7)개가 모여 나며 곧고 바늘 모양이다.

꽃은 봄~여름에
흰색 또는 연한 노란색으로 핀다.

큰 가시의
끝은 검은색이다.

꽃은
줄기 위쪽에 달린다.

암술과 수술

등줄기는 매우 얇으며
깊이가 얕은 편이다.

꽃은 줄기 위쪽에
뭉쳐서 핀다.

꽃은 길이 10~23밀리미터,
지름 25밀리미터 정도다.

암술과
수술

주변가시는
길이가 6~9밀리미터 정도고
보통 4(2~7)개가 모여 난다.

큰 가시

주변가시

큰 가시는 1~2(~3)개 정도며
길이가 6~30(~80)밀리미터,
폭 1.5~3밀리미터 정도다.

줄기 지름이
9~10센티미터
정도 자란다.

약 15센티미터
높이로 자란다.

등줄기는 주름이 지며
물결 모양으로 구불구불하다.

등줄기는
보통 33~51(26~60)줄이
배열된다.

꽃은 여름에
황적색으로 핀다.

금적룡金赤龍선인장

[낚시바늘 원통선인장]

Ferocactus wislizeni

[Fishhook Barrel]

—

줄기는 높이 2미터, 지름 80센티미터 정도 자란다. 등줄기는 25~30줄이 배열된다. 주변가시는 12개가 모여 나며 강한 털처럼 보인다. 큰 가시는 네 개 정도며, 길이가 8~10센티미터 정도다.

큰 가시 4개 중 한 개는
낚시 바늘처럼 꼬부라진다.

꽃잎에
붉은색 줄무늬가
있다.

혹줄기가 모여
등줄기가 된다.

큰 가시에
가로 줄무늬가 있다.

꽃은 줄기 위쪽에
모여 핀다.

꽃의 지름은
약 6~7센티미터다.

암술과 수술

큰 가시는 네 개 정도며
길이가 8~10센티미터 정도다.

주변가시는 12개가 모여 나며
길이가 50밀리미터 정도다.

줄기 지름이
약 80센티미터로 자란다.

등줄기는 납작하고
깊이가 깊은 편이다.

등줄기는
25~30줄이
배열된다.

약 200센티미터
높이까지 자란다.

꽃은 황적색으로
봄에 핀다.

큰 가시는
붉은색이다가
점차 흑회색으로 변한다.

유모옥有毛玉선인장

[적봉赤風선인장]

Ferocactus pilosus

[*Ferocactus stainesii*]

—

높이 3미터, 줄기 지름 50센티미터 정도 자란다. 줄기는 한 포기씩 자라며 둥근 기둥꼴이다. 등줄기는 납작한 편이며 15~20줄이 배열된다. 주변가시는 5~20개 정도가 모여 나며 가늘고 비틀린다. 큰 가시는 6~12개 정도며 길이가 약 4센티미터다.

열매는 노란색으로 익으며
길이가 약 3~4센티미터다.

꽃잎이 활짝
펼쳐지지 않는다.

큰 가시는
약간 구부러진다.

꽃의 길이는
약 45밀리미터다.

꽃의 지름은
약 25밀리미터.

암술과
수술

큰 가시

큰 가시는 6~12개 정도며
길이가 약 4센티미터.

주변가시

주변가시는
5~20개 정도며
가늘고 비틀린다.

줄기 지름이
50센티미터 정도 자란다.

등줄기는
납작한 편이다.

등줄기는
15~20줄이 배열된다.

약 3미터
높이까지 자란다.

꽃은,
초여름에 연한 노란색으로 핀다.

대홍大虹선인장

[석홍夕虹선인장]

Ferocactus hamatacanthus ssp. sinuatus

[Mexican Fruit Cactus]

—

줄기는 높이 10~30센티미터, 지름 7~20센티미터 정도 자란다. 등줄기는 13(~17)줄이 배열된다. 주변가시는 8~15개가 모여 나고 길이가 50~75밀리미터 정도며 가늘다. 큰 가시는 네 개 정도며 길이가 약 5~9센티미터고 가시 끝은 약간 구부러진다.

큰 가시 끝은
약간 구부러진다.

열매는 길이 20~25밀리미터,
지름 10~15밀리미터 정도다.

꽃의 중심부는
노란색이다.

등줄기는 좁고 납작하며
깊이가 깊은 편이다.

꽃은
줄기 위쪽에 달린다.

꽃의 지름은
약 7~9센티미터다.

암술과 수술

큰 가시는 네 개 정도며
길이가 약 5~9센티미터다.

주변가시는 8~15개가 모여 나고
길이가 50~75밀리미터 정도다.

줄기 지름이 7~20센티미터
정도 자란다.

약 10~30센티미터
높이다.

줄기는 한 포기씩 또는
모여서 무리 지어 자라며,
짧은 둥근기둥꼴이다.

등줄기는
13(~17)줄이 배열된다.

꽃은 9∼10월에
연한 노란색으로 핀다.

반도옥半島玉선인장
Ferocactus peninsulae
—

줄기는 높이 70센티미터, 지름 30∼40센티미터 정도다. 등줄기는 12∼20줄이
배열된다. 주변가시는 6∼13개가 모여 나며 가늘고 비틀린다. 큰 가시는 네 개 정
도며 줄무늬가 있다. 아래쪽 큰 가시 한 개는 길이 15센티미터 폭 6밀리미터 정
도며, 끝이 갈고리 모양으로 구부러진다.

혹줄기가 모여
등줄기가 된다.

암술

열매는
노란색으로
익는다.

큰 가시 한 개는
끝이 갈고리 모양으로 구부러진다.

꽃잎에
갈색 줄무늬가 있다.

꽃의 지름은
약 5~6센티미터다.

암술과 수술

주변가시는 6~13개가 모여 나며
가늘고 비틀린다.

큰 가시는 네 개 정도며
가로 줄무늬가 있다.

줄기 지름이
30~40센티미터 정도다.

줄기는 한 포기씩 자라며
둥근기둥꼴이지만 위쪽이 좁아진다.

약 70센티미터
높이로 자란다.

등줄기는
12~20줄이 배열된다.

꽃은 깔때기 모양이고
초봄에 황적색으로 핀다.

신록옥新綠玉선인장

Ferocactus flavovirens
—

줄기는 높이 40센티미터, 지름 10~20센티미터 정도 자란다. 등줄기는 납작하게
뾰족하고 11~13줄이 배열된다. 큰 가시는 3~4개 정도며, 가시의 길이가 같지
않다. 주변가시는 6~10개가 모여 나고 길이가 약 2센티미터다.

등줄기는 납작하게 뾰족하며,
깊이가 깊은 편이다.

꽃은 줄기 위쪽에
달린다.

등줄기는
납작하게 뾰족하다.

암술

꽃의 길이는
약 4센티미터다.

꽃의 지름은
4센티미터 정도다.

암술과 수술

큰 가시는 3~4개 정도며,
길이가 1~5센티미터 정도다.

줄기 지름이
10~20센티미터 정도다.

주변가시는 6~10개가 모여 나고
길이가 약 2센티미터다.

줄기는 둥근기둥꼴이며
모여서 무리 지어 자란다.

약 40센티미터
높이로 자란다.

등줄기는
11~13줄이 배열된다.

신록옥선인장

꽃은 여름에
밝은 주황색으로 핀다.

열자옥烈刺玉선인장

[위관옥偉冠玉선인장]

Ferocactus emoryi subsp. rectispinus

[Emory's Barrel Cactus]

—

줄기는 높이 2미터, 줄기 지름 60센티미터 정도 자란다. 등줄기는 13~24줄
이 배열된다. 주변가시는 8~12개가 모여 나고, 길이가 약 5센티미터. 큰 가시
는 한 개이며 곧거나 약간 휘지만, 끝이 꼬부라지지는 않는다. 큰 가시는 길이가
9~13센티미터 정도다.

큰 가시는 약간 휘지만,
끝이 꼬부라지지는 않는다.

꽃은
줄기 위쪽에 달린다.

가시자리는
흰색이다.

암술과 수술

꽃은
깔때기 모양이다.

꽃의 지름은
약 6센티미터다.

암술과 수술

주변가시는 8~12개가 모여 나고
길이가 약 5센티미터다.

큰 가시는 한 개이며
길이가 9~13센티미터 정도다.

줄기 지름이
60센티미터까지 자란다.

등줄기는 뾰족하고
깊이가 깊은 편이다.

등줄기는
13~24줄이 배열된다.

약 2미터
높이까지 자란다.

염미옥艶美玉**선인장**

[멕시코 과일 선인장]

Ferocactus hamatacanthus

[Mexican Fruit Cactus]

—

줄기는 높이 30~60센티미터, 지름 20~30센티미터 정도 자란다. 등줄기는 13~17줄이 배열된다. 주변가시는 8~12개가 모여 나며 길이가 15~75밀리미터 정도다. 큰 가시는 네 개 정도며 길이가 6~8센티미터 정도다.

꽃은 여름에 노란색으로 핀다.

혹줄기가 모여 등줄기를 이룬다.

등줄기는 뾰족하며 깊이가 깊은 편이다.

열매의 길이는 약 2~5센티미터다.

꽃잎은 활짝 펼쳐진다.

꽃은
줄기 위쪽에
달린다.

꽃의 지름은
약 10～11센티미터다.

암술과 수술

큰 가시는 네 개 정도며
길이가 6～8센티미터 정도다.

주변가시는 8～12개가 모여 나며
길이가 15～75밀리미터 정도다.

줄기 지름이
20～30센티미터
정도 자란다.

약 30～60센티미터
높이로 자란다.

줄기는 한 포기씩 자라며
둥근기둥꼴이다.

등줄기는
13～17줄이
배열된다.

꽃은 봄~여름에
노란색으로 핀다.

큰 가시와 주변가시는
구별이 어렵다.

왕관룡王冠龍선인장

Ferocactus glaucescens
—

줄기는 높이 45센티미터, 지름 40~50센티미터 정도 자란다. 등줄기는 12~17(~44)줄이 배열된다. 큰 가시와 주변가시는 구별이 어렵다. 가시는 6~7개가 모여 나고, 길이가 35밀리미터 정도며 황갈색이다.

꽃은 줄기 위쪽에
모여 달린다.

암술과
수술

등줄기는 뾰족하며
깊이가 깊은 편이다

암술과 수술

꽃은 줄기 위쪽에
모여서 핀다.

꽃은
지름 3~4센티미터 정도다.

가시는 길이가
35밀리미터 정도다.

줄기 지름이
40~50센티미터
정도 자란다.

가시는
6~7개가
모여 난다.

줄기는 한 포기씩 자라며
공 모양이다.

등줄기는
12~17(~44)줄이
배열된다.

약 45센티미터
높이로 자란다.

꽃은 봄에
연한 노란색으로 핀다.

대체로
가시가 없다.

무자왕관룡無刺王冠龍선인장
Ferocactus glaucescens var. nudum
—

높이 45센티미터, 줄기 지름 40～50센티미터 정도 자란다. 등줄기는
12～17(～44)줄이 배열된다. 큰 가시와 주변가시는 구별이 어렵다. 가시는
0～7개가 모여 나고, 길이가 3밀리미터 정도며 흑갈색이다. 왕관룡선인장*F.
glaucescens*에 비해 가시가 거의 없다.

꽃은 줄기 위쪽에
모여 달린다.

암술과 수술

가시

가시자리

꽃은
줄기 위쪽에
모여 핀다.

꽃의 지름은
약 3~4센티미터다.

암술과 수술

가시는
0~7개가
모여 난다.

가시의 길이는
3밀리미터 정도로 짧으며
흑갈색이다.

줄기 지름이
40~50센티미터
정도 자란다.

줄기는 한 포기씩 자라며
공 모양이다.

등줄기는
12~17(~44)줄이
배열된다.

약 45센티미터
높이로 자란다.

용안龍眼선인장

[센디에이고 술통선인장]

Ferocactus viridescens

[San Diego Barrel Cactus]

—

줄기는 높이 30~45센티미터, 지름 20~35센티미터 정도 자란다. 등줄기는
13~21줄이 배열된다. 주변가시는 9~20개가 모여 나며 가늘고 흰다. 큰 가시는
네 개 정도며 길이가 35~50밀리미터 정도며 약간 구부러진다.

꽃은 여름에
녹황색으로 핀다.

혹줄기가 모여
등줄기를 이룬다.

가시자리는
흰색이다.

열매의 길이는
약 15~20밀리미터다.

암술과
수술

꽃은
줄기 위쪽에 달린다.

꽃의 지름은
약 4센티미터다.

암술과 수술

큰 가시는 네 개 정도며
길이가 35〜50밀리미터 정도다.

주변가시는 9〜20개가 모여 나며
길이가 12〜20밀리미터 정도다.

줄기 지름이
20〜35센티미터 정도
자란다.

줄기는 한 포기씩 자라며
짧은 둥근기둥꼴이지만
가끔 납작한 공 모양인 것도 있다.

등줄기는
13〜21줄이
배열된다.

약 30〜45센티미터
높이로 자란다.

꽃은 봄에
분홍색으로 핀다.

혹줄기가 모여
등줄기를 이룬다.

적성赤城선인장

Ferocactus macrodiscus

[Viznaga caballona]

—

줄기는 높이 20센티미터, 지름 20~30(~50)센티미터 정도로 자란다. 등줄기는
16~21(~35)줄이 배열된다. 주변가시는 4~8개가 모여 나고 뒤쪽으로 약간 휜
다. 큰 가시는 네 개 정도며 길이가 35밀리미터 정도다.

꽃은 줄기 위쪽에
모여 달린다.

꽃잎에
진한 분홍색
줄무늬가 있다.

줄기는 한 포기씩 자라며
납작한 공 모양이다.

꽃은
줄기 위쪽에
달린다.

꽃의 지름은
약 4센티미터다.

암술과 수술

줄기 지름이
20~30(~50)센티미터
정도로 자란다.

큰 가시는 네 개 정도며
길이가 35밀리미터 정도다.

주변가시는 4~8개가 모여 나고
길이가 2센티미터 정도며
뒤쪽으로 약간 휜다.

약 20센티미터
높이로 자란다.

등줄기는
깊이가
얕은 편이다.

등줄기는
16~21(~35)줄이
배열된다.

적성선인장

꽃은 여름에
노란색, 붉은색 등으로 핀다.

거취옥트鷲玉선인장

[춘앵春鶯 · 헤레래 용관용]

Ferocactus herrerae

[Barrel Cactus]

—

줄기는 높이 2미터, 지름 40~50센티미터까지 자란다. 줄기는 한 포기씩 자라며 둥근기둥꼴이다. 등줄기는 13줄이 배열된다. 주변가시는 가늘고 흰색이며 비틀린다. 큰 가시는 길이 4~6센티미터, 폭 5밀리미터 정도며 가로 줄무늬가 있다.

큰 가시는 길이 4~6센티미터,
폭 5밀리미터 정도다.

열매

꽃은 줄기 위쪽에 달린다.

암술과 수술

꽃은
줄기 위쪽에
모여 달린다.

꽃의 지름은
약 6~7센티미터다.

암술과 수술

큰 가시는 6개이며,
가운데 가시가 더 크고 두꺼우며
갈고리 모양으로 구부러진다.

주변 가시

주변가시는
길이가 3센티미터 정도고
3~6개가 모여 난다.

줄기 지름이
40~50센티미터까지
자란다.

등줄기는
13줄이
배열된다.

등줄기는 좁고
깊이가 깊은 편이다.

높이 2미터까지
자란다.

꽃은 여름,
줄기 위쪽에
모여 핀다.

중앙에 큰 가시 한 개는
길이가 25밀리미터 정도며
곧거나 약간 구부러진다.

단자거취옥短刺巨鷲玉선인장

Ferocactus horridus f. brevispina

—

줄기는 높이 40~100센티미터, 지름 25~40센티미터 정도 자란다. 줄기는 한 개
씩 자라며 공 모양에서 짧은 둥근기둥꼴로 변한다. 등줄기는 13줄 정도가 배열된
다. 주변가시는 2~6개가 모여 나며, 가늘고 약간 비틀린다. 큰 가시는 4~6개 정
도며 가로 줄무늬가 있다.

꽃봉오리

열매는
길이가 4~5센티미터 정도며
노란색으로 익는다.

가시자리는
흰색이다.

암술과 수술

꽃은
연한 노란색으로 핀다.

꽃은
지름 7~8센티미터
정도다.

주변가시든 2~6개가 모여 나고
길이가 35밀리미터 정도다.

줄기 지름이
25~40센티미터
정도 자란다.

큰 가시는 4~6개 정도며
가로 줄무늬가 있다.

약 40~100센티미터
높이로 자란다.

등줄기는
뽀족한 편이다.

등줄기는
13줄 정도가
배열된다.

꽃은 여름에
자줏빛이 도는
분홍색으로 핀다.

홍양환紅洋丸선인장
Ferocactus fordii
—

줄기는 높이 40센티미터, 지름 30센티미터 정도 자란다. 등줄기는 21줄 정도가
배열된다. 주변가시는 14~17개가 모여 나고, 길이 20밀리미터 정도이며 비틀린
다. 큰 가시는 4개 정도이며 3개는 위를 향하고 곧으며 1개는 아래를 향하고 갈
고리모양으로 휜다. 큰 가시는 길이 2~4센티미터 정도다.

큰 가시 한 개는 아래를 향하고
갈고리 모양으로 휜다.

수술대와
암술대는 붉은색이다.

꽃잎에
자주색 줄무늬가 있다.

등줄기는 뾰족하고
깊이가 깊은 편이다.

암술과 수술

꽃은
줄기 위쪽에
달린다.

꽃의 지름은
약 3~4센티미터다.

큰 가시는 네 개 정도며
세 개는 위를 향하고 곧다.

주변가시는 14~17개가 모여 나고,
길이 20밀리미터 정도며 비틀린다.

줄기 지름이
30센티미터
정도 자란다.

혹줄기가 모여
등줄기를 이룬다.

등줄기는
21줄 정도
배열된다.

약 40센티미터
높이로 자란다.

홍주환紅珠丸선인장
Ferocactus townsendianus

[Barrel Cactus]

—

줄기는 높이 50센티미터, 지름 30센티미터 정도 자란다. 등줄기는 16줄이 배열된다. 주변가시는 14~16개가 모여 나며 가늘고 흰색이다. 큰 가시는 네 개 정도며 가로 줄무늬가 있다. 아래쪽 큰 가시 한 개는 길이가 6~10센티미터 정도다.

꽃은 여름~가을에 붉은색으로 핀다.

아래쪽 큰 가시 한 개는 길이가 6~10센티미터 정도며 곧거나 낚시 바늘처럼 구부러진다.

꽃잎에 붉은색 줄무늬가 있다.

수술대는 붉은색이다.

큰 가시에 가로 줄무늬가 있다.

꽃은
줄기 위쪽에 달린다.

꽃의 지름은
약 5~6센티미터다.

암술과 수술

큰 가시는 네 개 정도며
가로 줄무늬가 있다.

주변가시는 14~16개가 모여 나고
길이 35밀리미터 정도며
가늘고 흰색이다.

줄기 지름 30센티미터
정도 자란다.

등줄기는 뾰족하고
깊이가 깊은 편이다.

등줄기는
16줄이 배열된다.

약 50센티미터
높이까지 자란다.

꽃은 봄에
노란색으로 핀다.

주변가시와 큰 가시는
구별이 어렵다.

황채옥黃彩玉선인장

Ferocactus schwarzii

—

줄기는 높이 50센티미터, 지름 80센티미터까지 자란다. 등줄기는 13~19줄이 배열된다. 주변가시와 큰 가시는 구별이 어렵다. 가시는 곧고 황갈색이며 점차 회색으로 변한다.

꽃은 줄기 위쪽에
모여서 핀다.

암술과 수술

꽃봉오리

꽃의 길이는
약 4센티미터다.

꽃의 지름은
약 5센티미터다.

암술과
수술

가시는
3~5개가
모여 난다.

가시의 길이는
3~5센티미터 정도다.

줄기 지름이
80센티미터까지 자란다.

등줄기는
13~19줄이
배열된다.

줄기는 한 포기씩 자라며
납작한 공 모양이다.

약 50센티미터
높이까지 자란다.

황취荒鷲선인장
Ferocactus pottsii

—

줄기는 높이 60~90센티미터, 지름 45센티미터 정도 자란다. 줄기는 한 포기씩 자라며 짧은 둥근기둥꼴이다. 등줄기는 12~20줄이 배열된다. 주변가시는 3~8개가 모여 나고 길이가 30~40밀리미터 정도다. 큰 가시는 한 개고 길이가 75밀리미터 정도다.

꽃은 늦봄~초여름에 연한 노란색으로 핀다.

혹줄기가 모여 등줄기를 이룬다.

꽃은 줄기 위쪽에 모여 달린다.

꽃은 깔때기 모양이다.

암술과 수술

꽃의 길이는
45밀리미터 정도다.

꽃은 지름이
약 35밀리미터다.

수술대는
붉은색이다.

줄기 지름이
45센티미터 정도 자란다.

큰 가시는 한 개고
길이가 75밀리미터 정도다.

주변가시는 3~8개가 모여 나고
길이가 30~40밀리미터 정도다.

가시자리

등줄기는
12~20줄이 배열된다.

약 60~90센티미터
높이로 자란다.

무자단선武者團扇선인장

[단도선인장 · 무사단선]

Grusonia invicta

[Dagger Cholla]

—

높이가 20~45센티미터 정도 자란다. 줄기마디는 길이 8~15센티미터, 지름 4~6센티미터 정도. 혹줄기는 크고 둔하며 길이 3~4센티미터 정도다. 가시는 10~25개가 모여 나며 길이가 약 1~5센티미터다. 열매는 달걀꼴이며 길이가 4~5센티미터 정도다.

꽃은 5월에 노란색으로 핀다.

잎

잎의 길이는 약 18밀리미터다.

열매는 노란색으로 익는다

암술과 수술

열매는 달걀꼴卵形이며 길이는 4~5센티미터 정도다.

꽃의 길이는
약 5센티미터다.

꽃의 지름은
약 4~6센티미터다.

암술과 수술

가시는 10~25개가 모여 나며
길이가 1~5센티미터 정도다.

줄기의 지름은
약 4~6센티미터다.

흰색의 가시자리

줄기마디分節는 길이 8~15센티미터,
지름 4~6센티미터 정도다.

높이가 20~45센티미터
정도 자란다.
줄기는 모여서
무리 지어 자란다.

혹줄기는 크고 둔하며
길이 3~4센티미터 정도다.

무자단선선인장

꽃은 이른 봄 또는 늦가을에
노란색으로 핀다.

다릉즐극환多稜櫛極丸선인장

Uebelmannia pectinifera var. multicostata

—

줄기는 높이 35센티미터, 지름 12센티미터 정도 자란다. 등줄기는 보통 20~29
줄이 배열된다. 가시는 1~4개가 모여 나며 길이가 약 15밀리미터다.

가시의 아래쪽은 회백색이고
위쪽은 검은색이며 약간 휜다.

줄기 위쪽은
약간 오목하다.

줄기는 공 모양이지만
점차 둥근기둥꼴이 되며
보통 한 포기씩 자란다.

암술과 수술

꽃은
줄기 위쪽에 달린다.

꽃은
지름이 15~20밀리미터
정도다.

암술과 수술

가시의 길이는
15밀리미터 정도다.

가시는
1~4개가 모여 난다.

줄기 지름이
약 12센티미터로
자란다.

등줄기는
곧게 뻗으며 뾰족하다.

등줄기는
보통 20~29줄이
배열된다.

약 35센티미터
높이로 자란다.

다롱줄극환선인장

꽃은 봄에
황백색으로 핀다.

혹줄기가 모여
등줄기를 이룬다.

금관金冠선인장
—
Parodia schumanniana
—
줄기는 높이 15~45(~180)센티미터, 지름 20~30센티미터 정도 자란다. 등줄기
는 보통 21~48줄이 배열된다. 주변가시는 4~7개가 모여 난다. 큰 가시는 1~3
개 정도며 길이가 10~30밀리미터 정도다.

꽃은 줄기 위쪽에
모여 달린다.

암술과 수술

등줄기는 뾰족하며
깊이가 깊은 편이다.

꽃은 줄기 위쪽에
뭉쳐서 핀다.

꽃의 지름은
약 35∼45밀리미터다.

암술과
수술

큰 가시는 1∼3개 정도며,
길이가 10∼30밀리미터다.

줄기 지름이
20∼30센티미터
정도 자란다.

주변가시는
길이가 7∼20밀리미터 정도고,
4∼7개가 모여 나며 곧거나 약간 휜다.

등줄기는
보통 21∼48줄이
배열된다.

약 15∼45(∼180)센티미터
높이로 자란다.

줄기는 보통 한 포기씩 자라며
공 모양이지만
점차 짧은 둥근기둥꼴이 된다.

꽃은 봄에
황백색으로 핀다.

금황전金晃殿선인장

Parodia warasii

—

줄기는 높이 50센티미터, 지름 15~20센티미터 정도 자란다. 등줄기는 13~16(~30)줄이 수직으로 배열된다. 가시는 길이가 10~20밀리미터 정도고 8~20개가 모여 달린다.

가시는
부드럽고 구부러진다.

꽃은
황백색으로 핀다.

암술과
수술

혹줄기가 모여
등줄기가 된다.

꽃은 줄기 위쪽에
뭉쳐서 핀다.

꽃의 지름은
약 50~60밀리미터다.

암술과
수술

가시의 길이는
약 10~20밀리미터다.

가시는
8~20개가
모여 달린다.

줄기 지름이
15~20센티미터 정도다.

등줄기의 깊이가
얕은 편이다.

줄기는 보통 한 포기씩 자라며,
짧은 둥근기둥꼴이다.

약 50센티미터
높이로 자란다.

꽃은 여름에
노란색으로 핀다.

혹줄기가 모여
등줄기를 이룬다.

금황환金晃丸선인장

[황옹환黃翁丸 · 금성환金星丸]

Parodia leninghausii

[Lemon Ball · Golden Ball]

—

높이 60~100센티미터, 줄기 지름 8~12센티미터 정도 자란다. 등줄기는 보통
30~35줄이 배열된다. 큰 가시는 3~4개 정도며 노란색이고 아래쪽을 향한다.
주변가시는 15개 정도가 모여 나며, 뻣뻣한 털처럼 보이며 찔리지 않는다.

꽃은 줄기 위쪽에 달린다.

꽃은 연한 노란색으로 핀다.

암술과 수술

꽃의 길이는
40밀리미터 정도다.

꽃은 지름
5~6센티미터 정도다.

암술과 수술

큰 가시는 3~4개 정도며
길이 3~4센티미터 정도다.

주변가시는 15개 정도가 모여 나며
길이 5밀리미터 정도다.

줄기는 지름
8~12센티미터 정도 자란다.

줄기 위 쪽은
비스듬히 편평하다.

등줄기는 보통 30~35줄이 배열된다.

높이
60~100센티미터 정도
자란다.

꽃은 봄~여름에
연한 노란색으로 핀다.

파로디아 루디부에네케리

Parodia rudibuenekeri

[*Notocactus glomeratus*]

줄기는 높이 20센티미터, 지름 5센티미터 정도 자란다. 등줄기는 20~30줄이 배열된다. 주변가시는 잔털같이 부드러우며 흰색이다. 큰 가시는 4개이며 길이가 약 35밀리미터다.

혹줄기가 모여
등줄기를 이룬다.

줄기 끝에 모여 달리는 꽃

줄기 위쪽은 편평하며
흰색 가시자리로 덮인다.

꽃은
연한 노란색으로 핀다.

꽃은 줄기 위쪽에
모여 달린다.

꽃의 지름은
약 3~4센티미터다.

수술대와 암술대는
연한 황백색이다.

큰 가시는 네 개이며
길이가 약 35밀리미터다.

주변가시는 25~30개가 모여 자라며
길이가 15~20밀리미터 정도다.

줄기 지름이
약 5센티미터로 자란다.

약 20센티미터
높이로 자란다.

잔털처럼
부드러운 주변가시

줄기는 보통 한 포기씩 자라지만,
점차 모여서 무리 지어 자라게 된다.

파로디아 루디부에네케리

꽃은 6~7월에
연한 노란색으로 핀다.

마르케시 소정小町선인장

Parodia scopa ssp. marchesi

[*Notocactus scopa var. marchesii*]

—

줄기는 높이 15센티미터, 지름 5~7센티미터 정도 자란다. 등줄기는 19~28줄이
배열된다. 주변가시는 40개가 모여 나며 길이가 5~7밀리미터 정도다. 큰 가시는
보통 2~4개이며 길이가 약 6~12밀리미터다.

큰 가시는
초기에 흑적색이다.

줄기 위쪽은 편평하다.

꽃봉오리

줄기 위쪽 가시자리

꽃은
줄기 위쪽에 달린다.

꽃은 지름
45밀리미터
정도다.

암술대는 붉은색이다.

줄기 지름
5～7센티미터 정도 자란다.

큰 가시는 보통 2～4개이며
길이 6～12밀리미터 정도다.

주변가시는 40개가 모여 나며
길이 5～7밀리미터 정도다.

줄기는 공모양이지만
점차 짧은 둥근기둥꼴로 변한다.

등줄기는
19～28줄이 배열된다.

높이 15센티미터 정도 자란다.

꽃은 봄에
노란색으로 핀다.

수박선인장

[파로디아 마그니피카선인장 · 마그니피쿠스]

Parodia magnifica

[*Notocactus magnificus*]

—

줄기는 높이 20센티미터, 지름 15센티미터 정도 자란다. 등줄기는 보통 11~15
줄이 배열되며 곧고 납작하게 뾰족하다. 가시는 길이가 2센티미터 정도고
12~15개가 모여 자라며 딱딱하고 황갈색이다.

가시는 딱딱하고
황갈색이다.

등줄기는 곧고
납작하게 뾰족하다.

가시는
황갈색이다.

등줄기의 깊이가
깊은 편이다.

꽃은 줄기 위쪽에
모여서 핀다.

꽃의 지름은
약 45~55밀리미터다.

암술과 수술

가시의 길이는
약 2센티미터다.

가시는 12~15개가
모여 달린다.

줄기 지름이
약 15센티미터로 자란다.

등줄기는
보통 11~15줄이
배열된다.

등줄기

줄기는 한 포기씩 또는 모여서
무리 지어 자라며,
공 모양이지만 점차 둥근기둥꼴이 된다.

약 20센티미터
높이로 자란다.

꽃은
줄기 위쪽에 모여 달린다.

작약환芍藥丸선인장

[파로디아 웨르네리 · 웨르네리 · 현미옥선인장]

Parodia werneri

[*Notocactus uebelmannianus*]

—

줄기는 높이 12센티미터, 지름 17센티미터 정도 자란다. 등줄기는 12~16줄이 배
열된다. 큰 가시는 한 개이며 길이가 약 10밀리미터고 아래를 향한다. 주변가시
는 보통 6(4~10)개가 모여 달린다. 주변가시의 길이는 약 8밀리미터고 길이가 서
로 다르다.

큰 가시는 한 개이며
길이가 약 10밀리미터 정도다.

열매는 붉은색이며
지름 15밀리미터 정도다.

암술머리는
붉은색이다.

가시자리는
큰 편이고 흰색이다.

이른 봄에 자홍색 또는
연한 노란색으로 핀다.

꽃의 지름은
약 5~7센티미터다.

암술과 수술

주변가시는 줄기 표면과
수평으로 퍼진다.

주변가시는 보통
6(4~10)개가 모여 달린다.

줄기 지름이
17센티미터 정도
자란다.

약 12센티미터 높이로 자란다.

등줄기는 넓고 둥글며
약간 불룩하다.

등줄기는
12~16줄이 배열된다.

작약환선인장

389

꽃은 봄에 노란색
또는 진한 분홍색으로 핀다.

홍채옥紅彩玉선인장

[홍채환紅彩丸 · 길조환吉兆丸]

Parodia horstii

[*Notocactus horstii var. purpureus*]

—

줄기는 높이 30센티미터, 지름 14센티미터 정도 자란다. 등줄기는 19~24줄이
배열된다. 주변가시는 길이가 7밀리미터 정도고 10~15개가 모여 달린다. 큰 가
시는 1~6개 정도며 길이가 약 1~3센티미터다.

큰 가시는
1~6개 정도다.

꽃의 중심부는
연한 흰색이다.

암술과 수술

혹줄기가 모여
등줄기를 이룬다.

꽃은 줄기 위쪽에
모여 달린다.

꽃의 지름은
약 35~40밀리미터다.

암술과
수술

큰 가시의 길이는
약 1~3센티미터다.

주변가시

큰 가시

주변가시의 길이는
약 7밀리미터이고
10~15개가 모여 달린다.

줄기 지름 14센티미터
정도 자란다.

가시자리

가시자리

등줄기는
19~24줄이 배열된다.

약 30센티미터
높이로 자란다.

꽃은 봄에
붉은색으로 핀다.

큰 가시는
보통 네 개 정도다.

큰 가시

적화사자왕환赤獅子王丸선인장
Parodia mammulosa cv. Red Flowers

[*Notocactus mammulosus* 'Red Flowers']

—

줄기는 높이 15센티미터, 지름 14센티미터 정도 자란다. 등줄기는 15~18줄이 배열된다. 주변가시는 8~10개가 모여 자라며 길이가 약 5밀리미터다. 큰 가시는 보통 네 개 정도며 길이가 약 15밀리미터다.

꽃은 붉은색으로
줄기 위쪽에 모여 핀다.

꽃의 중심부도
붉은색이다.

혹줄기가 모여
등줄기를 이룬다.

꽃은 줄기 위쪽에
모여 달린다.

꽃의 지름은
약 5~6센티미터다.

암술과
수술

큰 가시의 길이는
약 15밀리미터다.

주변가시는
8~10개가 모여 달리며
길이가 약 5밀리미터다.

줄기 지름이
14센티미터 정도 자란다.

등줄기는
15~18줄이
배열된다.

약 15센티미터
높이로 자란다.

가시자리

가시자리는
혹줄기 사이에 깊이 묻혀 있으며
흰색이다.

적화사자왕환선인장

꽃은 꽃자리의
가시자리에 달린다.

권운卷雲선인장

Melocactus neryi
—

줄기는 높이 11~18센티미터, 지름 14~20센티미터 정도 자란다. 줄기는 한 포
기씩 자라며 대부분 공 모양이다. 등줄기는 8~12줄이 배열된다. 꽃자리花座는
높이 5~10센티미터, 지름 7센티미터 정도다. 큰 가시는 없거나 한 개이며, 길이
가 약 30밀리미터다. 주변가시는 5~9개가 모여 나며 길이가 10~20밀리미터
정도다.

혹줄기가 모여
등줄기를 이룬다.

열매는 붉은색이며
길이가 약 15~28밀리미터다.

꽃과
열매

열매는
빨간 고추 모양이다.

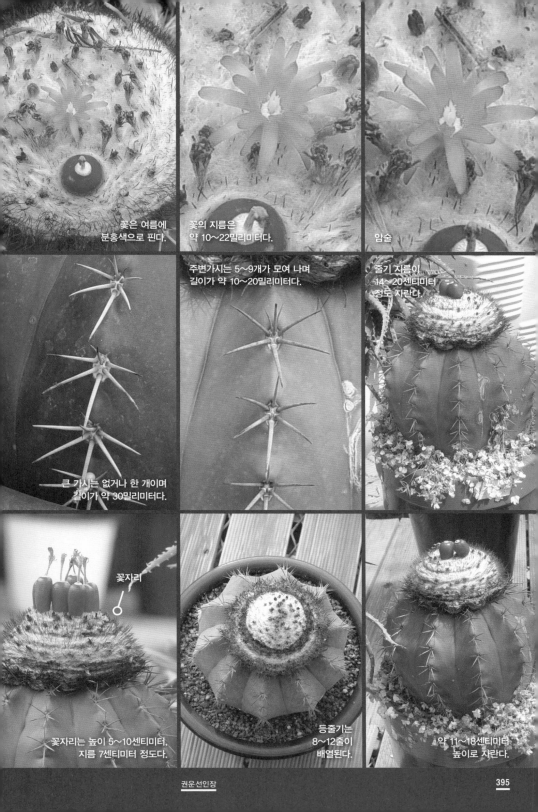

꽃은 여름에
분홍색으로 핀다.

꽃의 지름은
약 10～22밀리미터다.

암술

주변가시는 5～9개가 모여 나며
길이가 약 10～20밀리미터다.

줄기 지름이
14～20센티미터
정도 자란다.

큰 가시는 없거나 한 개이며
길이가 약 30밀리미터다.

꽃자리

꽃자리는 높이 5～10센티미터,
지름 7센티미터 정도다.

등줄기는
8～12줄이
배열된다.

약 11～18센티미터
높이로 자란다.

꽃은 꽃자리의
가시자리에 달린다.

앵명운鸎鳴雲선인장

[터키모자 선인장]

Melocactus azureus

[Turk's Cap Cactus]

—

줄기는 높이 17~45센티미터, 지름 14~19센티미터 정도 자란다. 등줄기는
9~10줄이 배열된다. 꽃자리는 높이 12센티미터, 지름 7~9센티미터 정도다. 큰
가시는 1~3개 정도며 길이가 약 25~35밀리미터다. 주변가시는 보통 7(~11)개
가 모여 나며 길이가 약 25밀리미터다.

등줄기는 높이 35밀리미터,
밑벽이 35~40밀리미터 정도다.

열매는 길이 20밀리미터,
지름 7밀리미터 정도다.

꽃자리의 가시자리는
흰색 솜털처럼 보인다.

등줄기의
가시자리

꽃의 길이는
약 10~14밀리미터다.

꽃은 지름이
약 8~12밀리미터.

꽃은 여름에
분홍색으로 핀다.

큰 가시는 1~3개 정도며
길이가 25~35밀리미터 정도다.

주변가시는 보통 7(~11)개가 모여 나며
길이가 약 25밀리미터다.

줄기 지름이
14~19센티미터
정도 자란다.

꽃자리는 높이 12센티미터,
지름 7~9센티미터 정도다.

등줄기는
9~10줄이 배열된다.

약 17~45센티미터
높이로 자란다.

앵명운선인장

꽃은 여름에
분홍색으로 핀다.

주운朱雲선인장

[마운慶雲 · 난쟁이 터키모자 선인장]

Melocactus matanzanus

[Dwarf Turk's Cap Cactus]

—

줄기는 높이 7~9센티미터, 지름 8~9센티미터 정도 자란다. 줄기는 한 포기씩
자라며 대부분 공 모양이다. 등줄기는 8~10줄이 배열된다. 꽃자리는 높이 9센
티미터, 지름 5~7센티미터 정도다. 큰 가시는 한 개이며 길이가 20~25밀리미터
정도다. 주변가시는 7~8개가 모여 나며 길이가 약 10~15밀리미터다.

등줄기는 뾰족하며
깊이가 얕은 편이다.

열매는 분홍색이며
길이가 약 20밀리미터다.

암술과 수술

꽃은 꽃자리의
가시자리에 달린다.

꽃의 길이는
약 17밀리미터다.

꽃의 지름은
약 20밀리미터다.

암술

큰 가시는 한 개이며
길이가 20~25밀리미터 정도다.

주변가시는 7~8개가 모여 나며
길이가 10~15밀리미터 정도다.

줄기 지름이
8~9센티미터 정도 자란다.

꽃자리는 높이 9센티미터,
지름 5~7센티미터 정도다.

등줄기는
8~10줄이 배열된다.

약 7~9센티미터
높이로 자란다.

주운선인장

꽃은 꽃자리의
가시자리에 달린다.

직운織雲선인장

[광운狂雲 · 경운競雲]

Melocactus bellavistensis

—

줄기는 높이 25~35센티미터, 지름 25센티미터 정도 자란다. 줄기는 한 포기씩
자라며 대부분 공 모양이다. 등줄기는 9~12줄이 배열된다. 꽃자리는 높이 10센
티미터, 지름 6~7센티미터 정도다. 큰 가시는 없거나 한 개이며 길이가 약 30밀
리미터다. 주변가시는 6~9개가 모여 나며 길이가 약 10~25밀리미터다.

혹줄기가 모여
등줄기를 이룬다.

열매는 진한 분홍색이며
길이가 15~28밀리미터 정도다.

꽃자리의
가시자리는 흰색이다.

열매는
고추 모양이다.

꽃은 여름에
진한 분홍색으로 핀다.

꽃은 길이 18밀리미터,
지름 10밀리미터 정도다.

꽃

큰 가시는 없거나 한 개이며
길이가 약 30밀리미터다.

주변가시는 6~9개가 모여 나며
길이가 10~25밀리미터 정도다.

줄기의 지름이
약 25센티미터 자란다.

꽃자리는 높이 10센티미터,
지름 6~7센티미터 정도다.

등줄기는
9~12줄이 배열된다.

약 25~35밀리미터
높이로 자란다.

꽃은 꽃자리의
가시자리에 달린다.

혹줄기가 모여
등줄기를 이룬다.

화운華雲선인장
Melocactus peruvianus
—

줄기는 높이 17센티미터, 지름 15센티미터 정도 자란다. 줄기는 한 포기씩 자라
며 공 모양 또는 둥근기둥꼴이다. 등줄기는 8~16줄이 배열된다. 꽃자리는 높이
20~80밀리미터, 지름 65밀리미터 정도다. 큰 가시는 없거나 1~2개 정도다. 주
변가시는 7~10개가 모여 난다.

열매는 붉은색으로 익으며
길이가 16~25밀리미터 정도다.

꽃자리의 가시자리는
흰색이다.

등줄기는 높이와 밑변이
각 25~30밀리미터 정도다.

꽃은 여름에
분홍색으로 핀다.

꽃은 길이 15밀리미터,
지름 8〜10밀리미터 정도다.

암술은
흰색이다.

줄기 지름은
15센티미터 정도 자란다.

큰 가시는 없거나 1〜2개 정도며
길이가 20〜40밀리미터 정도다.

주변가시는 7〜10개가 모여 나며
길이가 약 10〜15밀리미터다.

꽃자리는 높이 20〜80밀리미터,
지름 65밀리미터 정도다.

등줄기는
8〜16줄이 배열된다.

약 17센티미터
높이로 자란다.

꽃은 초봄에
노란색으로 핀다.

혹줄기는 원뿔 모양이고
밑부분은 사각형이다.

네올로이디아 풀레이네아나

Neolloydia pulleineana

—

줄기는 길이 20센티미터, 지름 12센티미터 정도 자란다. 줄기는 한 포기씩 자라
며 둥근기둥꼴이다. 큰 가시는 3~4개 정도며 길이가 2~5센티미터 정도다. 주변
가시는 10~18개 정도가 모여 나고 길이 12밀리미터 정도다.

꽃은
노란색으로 핀다.

큰 가시는 회색이지만
가시 끝은 보통 검은색이다.

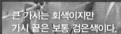

꽃의 중심부는
주황색이다.

꽃은 줄기 위쪽에
모여서 핀다.

꽃은 지름은
약 5센티미터다.

암술과 수술

큰 가시

큰 가시는 3~4개 정도며
길이가 2~5센티미터 정도다.

주변가시는 10~18개 정도가 모여 나고
길이가 약 12밀리미터다.

줄기 지름이
12센티미터 정도 자란다.

가시자리는
흰색이다.

줄기는 한 포기씩 자라며
둥근기둥꼴이다.

약 20센티미터
자란다.

꽃은 초여름에 분홍색으로 핀다.

대통령大統領선인장

[적안옥赤眼玉 · 양색옥兩色玉]

Thelocactus bicolo

[Glory of Texas]

줄기는 높이 8∼20센티미터, 지름이 5∼12센티미터 정도 자란다. 등줄기는 8∼13줄이 나사 모양으로 배열된다. 주변가시는 8∼15개가 모여 난다. 큰 가시는 길이 15∼33(∼75)밀리미터, 두께 1.5밀리미터 정도다. 꽃의 중심부는 붉은색이다.

큰 가시는
1∼4개 정도다.

꽃은
분홍색으로 핀다.

꽃의 중심부는
붉은색이다.

혹줄기는 높이 13∼18밀리미터,
폭 30밀리미터 정도다.

꽃은
줄기 위쪽에
달린다.

꽃의 지름은
약 4~8센티미터다.

암술과 수술

주변가시는 8~15개가 모여 나고
길이가 10~24밀리미터 정도다.

줄기 지름이
5~12센티미터
정도 자란다.

큰 가시는 길이
15~33(~75)밀리미터 정도다.

등줄기는
나사 모양으로
배열된다.

등줄기는
8~13줄이 배열된다.

약 8~20센티미터
높이로 자란다.

꽃은 초여름에
분홍색으로 핀다.

백침환白針丸선인장

[백자대통령白刺大統領]

Thelocactus bicolor ssp. bolaensis
—

줄기는 높이 20~40센티미터, 지름 10센티미터 정도 자란다. 등줄기는 8~13줄
이며, 수직으로 곧거나 나사 모양으로 배열된다. 주변가시는 25개가 모여 나고,
흑적색에서 점차 회백색으로 변한다. 큰 가시는 1~3개 정도고 보통 흰색이다.
꽃의 중심부는 분홍색이다.

가시는 흑적색에서
점차 회백색으로 변한다.

꽃은 분홍색으로 핀다.

암술과
수술

혹줄기가 모여
등줄기가 된다.

꽃은
줄기 위쪽에 달린다.

꽃의 지름은
약 7센티미터다.

꽃의 중심부는
분홍색이다.

큰 가시는 1~3개 정도며,
길이가 약 30~50밀리미터다.

주변가시는 25개가 모여 나고,
길이가 20~30밀리미터 정도다.

줄기 지름이
약 10센티미터 자란다.

등줄기는 수직으로 곧거나
나사 모양으로 배열된다.

등줄기는 8~13줄이 배열된다.

약 20~40센티미터
높이로 자란다.

꽃은 봄에 연한
황백색으로 핀다.

사자두獅子頭선인장

Thelocactus lophothele
—
줄기는 높이 4~5센티미터, 지름 12센티미터 정도 자란다. 등줄기는 15~20줄이
배열된다. 주변가시는 2~5개가 모여 난다. 큰 가시는 없거나 한 개씩이며 회백색
이다.

불규칙한 모양의 혹줄기가 모여
줄기를 구성한다.

꽃의 길이는 약 6센티미터다.

줄기는 한 포기씩 자라며
납작한 반공모양(반구형半球形)이다.

암술과 수술

꽃은 길이 6센티미터,
지름 5센티미터 정도다.

암술과
수술

꽃은
줄기 위쪽에
달린다.

큰 가시는 없거나 한 개씩이고
길이가 약 50밀리미터다.

주변가시는 2~5개가 모여 나고
길이가 30밀리미터 정도다.

줄기 지름이
12센티미터
정도 자란다.

등줄기는
15~20줄이
배열된다.

혹줄기의 모습은
불규칙하다.

줄기는 약 4~5센티미터
높이로 자란다.

꽃은 초여름에
흰색으로 핀다.

혹줄기가 모여
등줄기가 된다.

천황天晃선인장
Thelocactus hexaedrophorus
—

줄기는 높이 5∼8센티미터, 지름 8∼15센티미터 정도 자란다. 등줄기는 5∼13줄
이 배열된다. 주변가시는 4∼6개가 모여 난다. 큰 가시는 없거나 한 개이며 길이
가 15∼25밀리미터 정도다.

꽃은
깔때기 모양이다.

꽃의 중심부는
연한 주황색이다.

혹줄기는 높이 8∼20밀리미터,
폭 13∼26밀리미터 정도며
둥근 편이다.

꽃은
줄기 위쪽에 달린다.

꽃의 지름은
약 3~5센티미터다.

암술과
수술

큰 가시는 없거나 한 개이며
길이가 15~25밀리미터 정도다.

주변가시는 4~6개가 모여 나고
길이가 11~18밀리미터 정도다.

줄기의 지름은
약 8~15센티미터 자란다.

등줄기는
5~13줄이 배열된다.

약 5~8센티미터
높이로 자란다.

줄기는 한 포기씩 자라며
납작한 반공 모양이다.

꽃은 줄기 위쪽에 달리며
봄에 흰색으로 핀다.

등줄기는
나사 모양으로
배열된다.

국수菊水선인장

[독락옥獨樂玉 · 옥산玉霞]

Strombocactus disciformis

—

줄기는 높이 2~8센티미터, 지름 4~8센티미터 정도 자란다. 등줄기는 보통 13
줄이 배열된다. 가시의 길이는 12~20밀리미터 정도고 3~5개가 모여 자란다. 열
매는 길이가 8밀리미터 정도며 자주색으로 익는다.

꽃은
줄기 위쪽에
달린다.

암술

줄기는
보통 한 개씩 자라며
공 모양이다.

꽃에는
약간의 향기가 있다.

꽃의 지름은
2~3센티미터
정도다.

암술과 수술

가시의 길이는
약 12~20밀리미터다.

가지는
3~5개가
모여 달린다.

줄기 지름이
4~8센티미터 정도
자란다.

등줄기는
보통 13줄이다.

줄기는 혹줄기로
구성된다.

약 2~8센티미터
높이로 자란다.

꽃은
흰색으로 핀다.

큰 가시는 없다.

아성환牙城丸선인장

Turbinicarpus macrochele

—

줄기는 높이 35밀리미터, 지름 45밀리미터 정도 자란다. 덩이뿌리塊根의 일부는 땅 위로 솟아나온다. 큰 가시는 없고, 주변가시는 없거나 0∼4(∼6)개가 모여 난다. 주변가시의 길이는 약 4밀리미터다.

덩이뿌리의 일부는
땅 위로 솟아나온다.

꽃은 줄기 위쪽에
모여 달린다.

꽃은
봄에 핀다

꽃은 줄기 위쪽에
달린다.

꽃의 지름은
약 35밀리미터다.

암술과 수술

줄기 지름이
약 45밀리미터 자란다.

주변가시는
길이가 4밀리미터 정도다.

주변가시는 없거나
0~4(~6)개가 모여 난다.

약 35밀리미터
높이로 자란다.

줄기는 혹줄기로
구성된다.

줄기는 납작한 공 모양이고
보통 한 포기씩 자란다.

장성환長城丸 선인장
Turbinicarpus pseudomacrochele
—
줄기는 높이 2~4센티미터, 지름 2~4센티미터 정도 자란다. 큰 가시는 없고, 주변가시는 6~8개가 모여 난다. 가시는 가늘고 구부러지며 뻣뻣하다.

꽃은 초봄에
밝은 분홍색으로 핀다.

가시는 가늘고
구부러지며 뻣뻣하다.

꽃은 줄기 위쪽에
모여 달린다.

암술과 수술

혹줄기는
원뿔 모양이다.

꽃잎에
자주색 줄무늬가 있다.

꽃의 지름은
약 35밀리미터다.

암술과
수술

큰 가시는
없다.

주변가시는 6~8개가 모여 나며
길이가 15~30밀리미터 정도다.

줄기 지름이
2~4센티미터 정도 자란다.

줄기는 공 모양이며
한 개씩 자란다.

약 2~4센티미터
높이로 자란다.

줄기는 혹줄기로
구성된다.

꽃은 10~11월에 분홍색으로
3~4일 동안 지속하여 핀다.

구갑목단龜甲牡丹 선인장

[살아있는 암석 · 가짜 피요테]

Ariocarpus fissuratus

[Living Rock · False Peoyote]

—

줄기는 높이 2~5센티미터, 지름 10~15(~20)센티미터 정도 자란다. 줄기는 대부분 한 포기씩 자란다. 혹줄기는 정삼각형이며 혹줄기 표면은 주름이 많고 울퉁불퉁하다.

혹줄기의 갈라진 틈 사이에
흰 솜 같은 가시자리가 있다.

꽃은
깔때기 모양이다.

길이 7~12센티미터 정도의
덩이뿌리는 땅 속에 파묻힌다.

꽃은
줄기 위쪽에
모여 달린다.

꽃의 높이는
약 2.5~5센티미터다.

꽃의 지름은
약 5~8센티미터다.

암술과 수술

혹줄기 표면은
주름이 많고
울퉁불퉁하다.

혹줄기는
정삼각형이다.

포기 지름이
10~15(~20)센티미터
정도 자란다.

줄기는
혹줄기로
구성된다.

줄기는
대부분 한 개씩 자란다.

약 2~5센티미터
높이로 자란다.

구갑목단선인장

꽃은 10~11월에
밝은 분홍색으로 핀다.

혹줄기 위쪽은
둘로 갈라진다.

대류연산大瘤連山선인장

Ariocarpus fissuratus 'latus'
—

줄기는 높이 5~8센티미터, 지름 9~10센티미터 정도 자란다. 혹줄기는 넓은 삼각형이며 혹줄기 끝은 둥그스름하다. 혹줄기의 갈라진 틈 사이에 흰 솜털 같은 가시자리가 있다. 혹줄기에 주름이 거의 없고 표면에 얕은 혹 같은 돌기가 있다.

줄기는 대부분
한 포기씩 자란다.

꽃은 3~4일 동안
지속하여 핀다.

암술과 수술

꽃은 줄기 위쪽에
모여 달린다.

꽃의 지름은
약 6~7센티미터다.

암술과 수술

혹줄기에 주름이 거의 없으며,
얕은 혹 같은 돌기가 있다.

혹줄기의 갈라진 틈 사이에는
흰 솜털 같은 가시자리가 있다.

포기 지름이
약 9~10센티미터 자란다.

줄기 위쪽은
가시자리의 흰 솜털로 덮인다.

혹줄기는 넓은 삼각형이며
혹줄기 끝은 둥그스름하다.

약 5~8센티미터
높이로 자란다.

꽃은 자줏빛이 도는
분홍색으로 핀다.

혹줄기는
바소꼴披針形의 잎 모양이며
빳빳하고 거칠다.

용설목단龍舌牡丹선인장

[봉익옥鳳翼玉 · 아가베목단]

Ariocarpus agavoides

[Tamaulipas Living Rock Cactus]

—

높이 2~6센티미터 정도 자란다. 혹줄기는 길이 3~7센티미터, 폭 5~10밀리미터 정도다. 혹줄기 위쪽에 솜털 같은 가시자리가 있다. 가시는 거의 없지만 드물게 두 개씩 모여 나기도 한다. 가시의 길이는 약 2~4밀리미터다.

꽃이 활짝 핀 모습

암술과
수술

키가 낮게(2~6센티미터) 자라
땅을 덮는다.

꽃은 11월에 핀다.

꽃은 높이 2~5센티미터,
지름 35~42밀리미터 정도다.

암술과 수술

가시는 거의 없지만 드물게
두 개씩 모여 나기도 한다.

가시

가시

가시의 길이는
약 2~4밀리미터다.

혹줄기는 길이 3~7센티미터,
폭 5~10밀리미터 정도다.

혹줄기가 모여서
무리 지어 자란다.

혹줄기 위쪽에 가시자리는
흰색 솜털처럼 보인다.

약 2~6센티미터
높이로 자란다.

꽃은 10~11월에
자줏빛이 도는
분홍색으로 핀다.

혹줄기는
삼각형이다.

흑목단黑牡丹선인장

Ariocarpus kotschoubeyanus
—

줄기는 높이 2~5밀리미터, 포기지름 3~7센티미터 정도 자란다. 혹줄기는 삼각형이며, 혹줄기 끝은 뾰족하다. 혹줄기는 길이 5~10밀리미터, 폭 6~10밀리미터 정도다. 혹줄기 아래 갈라진 틈 사이에 흰색 또는 갈색 솜털 같은 가시자리가 있다.

꽃은 줄기 위쪽에
모여 달린다.

꽃은 3~4일간
지속하여 핀다.

줄기는 땅에
납작 달라붙어 자란다.

꽃은 줄기 위쪽에
모여서 핀다.

꽃은 높이 25밀리미터,
지름 15~25밀리미터 정도다.

암술과
수술

혹줄기 아래 갈라진 틈 사이에
흰색 또는 갈색 솜털 같은
가시자리가 있다.

혹줄기는 길이 5~10밀리미터,
폭 6~10밀리미터 정도다.

포기 지름이
3~7센티미터
정도 자란다.

덩이뿌리가 땅 위로
솟아오르기도 한다.

약 2~5밀리미터
높이로 자란다.

줄기는 대부분
한 포기씩 자란다.

흑목단선인장

꽃은 가을에
줄기 위쪽에
모여서 핀다.

삼각목단三角牡丹선인장

[사목단司牡丹]

Ariocarpus retusus ssp. trigonus

—

높이 15센티미터, 포기 지름 15~22센티미터 정도 자란다. 혹줄기는 예리한 삼각형이고 위로 뻗으며 뿔처럼 뾰족하다. 혹줄기는 길이 3~5센티미터, 밑 부분 폭은 약 2센티미터. 혹줄기 아래쪽은 가시자리의 솜털로 덮인다.

혹줄기 표면은 편평하고,
뒤쪽은 모서리가 진다.

꽃은
줄기 위쪽에
모여 달린다.

암술과
수술

혹줄기는 위로 뻗으며
뿔처럼 뾰족하다.

꽃은
황백색으로 핀다.

꽃의 지름은
약 3~5센티미터다.

암술과
수술

혹줄기는
뿔처럼 뾰족하다.

혹줄기는 예리한 삼각형이고
길이 3~5센티미터,
밑 부분 폭은 2센티미터 정도다.

포기 지름이
15~22센티미터
정도 자란다.

혹줄기 아래쪽은
가시자리의 솜털로 덮인다.

줄기는 대부분
한 포기씩 자란다.

약 15센티미터
높이로 자란다.

꽃은 가을에
흰색으로 핀다.

암목단暗木牡丹선인장

[암모란]

Ariocarpus retusus

—

높이 4~10센티미터, 포기 지름 10~20센티미터 정도 자란다. 혹줄기 표면은 편평하고 뒷면에는 모서리가 있다. 혹줄기는 길이 3~8센티미터, 폭 10~25밀리미터 정도다.

혹줄기 표면은 편평하고
뒷면에는 모서리가 있다.

꽃은 줄기 위쪽에
모여 달린다.

암술과 수술

혹줄기는
보통 옆으로
펼쳐진다.

꽃은
깔때기 모양이다.

꽃의 지름은
약 3~5센티미터다.

암술과 수술

솜털

혹줄기

혹줄기 아래쪽은
가시자리의 솜털로 덮인다.

혹줄기는 길이 3~8센티미터,
폭 10~25밀리미터 정도다.

포기 지름은
10~20센티미터
정도 자란다.

혹줄기 끝에도
가시자리가 있다.

줄기는
대부분 한 포기씩
자란다.

약 4~10센티미터
높이로 자란다.

꽃은
11월에 핀다.

혹줄기 표면은 편평하며
뒷면에는 모서리가 있다.

화목단花牡丹 선인장

Ariocarpus retusus var. furfuraceus

[Seven Stars]

—

높이 3~12센티미터, 포기 지름 12~14(~25)센티미터 정도 자란다. 혹줄기는 정삼각형이며 끝이 뾰족하고, 표면은 편평하며 뒷면에는 모서리가 있다. 혹줄기는 길이 15~40밀리미터, 폭 10~35밀리미터 정도다.

꽃은 줄기 위쪽에
모여서 핀다.

암술과
수술

줄기 위쪽은
가시자리의 솜털로 덮인다.

꽃은 흰색 또는 연한 분홍빛이 도는
흰색으로 핀다.

꽃은
지름 4~5센티미터 정도다.

암술과 수술

혹줄기는 길이 15~40밀리미터,
폭 10~35밀리미터 정도다.

혹줄기는 정삼각형이며
끝이 뾰족하다.

포기 지름은
12~14(~25)센티미터
정도 자란다.

혹줄기의 끝은
대부분 위쪽으로
치솟는다.

줄기는 대부분
한 포기씩 자란다.

약 3~12센티미터
높이로 자란다.

꽃은 줄기 위쪽에 달리며
봄~여름 낮에 연분홍색~흰색으로 핀다.

혹줄기가 모여
등줄기가 된다.

오우옥烏羽玉선인장

[페요테]

Lophophora williamsii

[Peyote · Mescal Button]

—

줄기는 높이 2~6센티미터, 지름 12~15센티미터 정도 자란다. 줄기는 납작한 공 모양이다. 등줄기는 5~13줄이 배열된다. 줄기에 환각성분이 있는 것으로 알려져 있다.

꽃은 줄기 위쪽에
달린다.

암술과
수술

꽃은 연분홍색~흰색으로 핀다.

꽃의 길이는
약 25밀리미터다.

꽃의 지름은
약 25〜35밀리미터다.

암술과
수술

등줄기는
깊이가 얕다.

가시자리는
부드러운 솜털로 덮이며,
어릴 때는 가시가 약간 있다.

줄기 지름이
약 12〜15센티미터 자란다.

줄기는 한 포기씩 또는 모여서
무리 지어 자란다.

등줄기는
5〜13줄이
배열된다.

약 2〜6센티미터
높이로 자란다.

오우옥선인장

꽃은 6월에
줄기 위쪽에 달린다.

흑줄기는
넓고 둥글다.

취관옥翠冠玉선인장

[페요테]

Lophophora diffusa

[Peyote]

—

줄기는 높이 2~7센티미터, 지름 5~12센티미터 정도 자란다. 줄기는 한 포기씩
또는 여럿이 모여서 무리 지어 자란다. 줄기는 납작한 공 모양이다. 오우옥선인
장*L. williamsii*에 비해 보통 등줄기가 없으며, 흑줄기만 있는 특징이 있다. 줄기에
환각성분이 있는 것으로 알려져 있다.

꽃은 줄기 위쪽에
모여서 달린다.

암술과
수술

꽃은 분홍빛이 도는
흰색으로 핀다.

꽃은 분홍빛이 도는
흰색으로 핀다.

꽃의 지름은
약 20~30밀리미터다.

암술과
수술

줄기 지름이
5~12센티미터
정도 자란다.

혹줄기만 있고
등줄기가 없다.

보통
가시가 없다.

약 2~7센티미터
높이로 자란다.

가시자리는
부드러운 솜털로 덮인다.

보통 등줄기가 없는
특징이 있다.

꽃은 줄기마디分節
위쪽에 달린다.

잎은
밝은 녹색이다.

연지단선嚥脂團扇선인장

Nopalea cochenillifera

[*Opuntia cochenillifera*]

—

높이가 4~5미터 정도 자란다. 줄기마디는 길이 15~35센티미터, 폭 5~15센티
미터 정도다. 잎 밑 가시자리에는 1~3개의 가시가 모여 나지만 점차 떨어져 없
어진다. 열매는 길둥근꼴이며 길이가 25~40밀리미터 정도다.

열매는 길둥근꼴이며
길이가 25~40밀리미터다.

암술머리

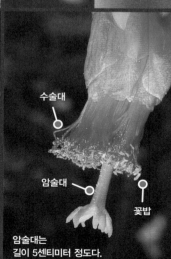

수술대

암술대

꽃밥

암술대는
길이 5센티미터 정도다.

꽃의 길이는
약 4~7센티미터다.

꽃덮이

꽃덮이
수술
암술

수술

암술

암술대

암술머리

암술머리는
노란색이다.

가시자리

잎

새로 돋는
줄기마디에서
잎이 돋는다.

잎은 일찍
떨어진다.

가시자리

잎

잎 아래쪽에
가시자리가 있다.

잎

가시

잎 아래에는 1~3개의
가시가 모여 나지만
점차 떨어져 없어진다.

줄기마디

줄기마디는
길이 15~35센티미터,
폭 5~15센티미터 정도다.

높이가 4~5미터
정도 자란다.

줄기마디

줄기

꽃은 줄기마디
위쪽에 달린다.

새로 돋는
줄기마디에서
잎이 돋는다.

보검寶劍선인장

[백년초百年草 · 대형보검大型寶劍 · 부채선인장 · 손바닥선인장 · 단선團扇]

Opuntia ficus~indica
—

높이가 3~6미터 정도 자란다. 줄기마디는 길이 30~50센티미터, 폭 10~20센티
미터다. 가시는 없거나 눈에 잘 띄지 않는다. 꽃은 노란색이며 지름이 약 7~10센
티미터다. 열매는 길이가 6~10센티미터 정도고 자주색으로 익는다.

열매의 길이는
약 6~10센티미터며
자주색으로 익는다.

암술과
수술

줄기마디

꽃은 늦은 봄에
노란색으로 핀다.

꽃의 지름은,
약 7~10센티미터다.

암술과 수술

잎은 일찍
떨어진다.

가시자리

잎

잎의 길이는
약 3밀리미터다.

잎

가시는 없거나
눈에 잘 띄지 않는다.

가시 길이는
약 15밀리미터다.

줄기마디는 길이 30~35센티미터,
폭 10~20센티미터 정도다.

약 3~6미터
높이로 자란다.

꽃은 5월,
줄기마디 위쪽에 달린다.

가시자리

가시

집권단선執權團扇선인장

Opuntia schickendantzii

[Lion's Tongue]

—

줄기 길이가 150~200센티미터 정도 자란다. 어린 줄기마디는 길쭉하게 납작
하지만, 점차 둥근기둥꼴로 나무처럼 단단하게 된다. 줄기마디는 납작하고 길이
7~15센티미터, 폭 2~4센티미터 정도다. 가시의 길이는 약 10밀리미터다.

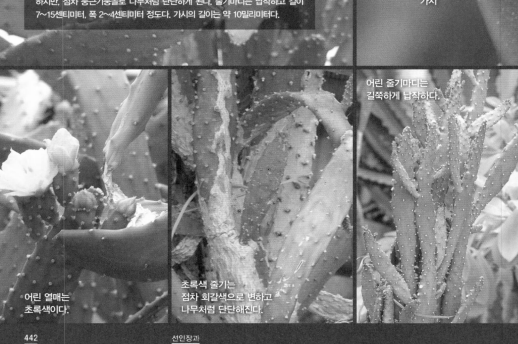

어린 줄기마디는
길쭉하게 납작하다.

어린 열매는
초록색이다.

초록색 줄기는
점차 회갈색으로 변하고
나무처럼 단단해진다.

꽃은
연한 노란색으로 핀다.

꽃의 지름은
약 4센티미터다.

암술머리는
초록색이다.

잎은
일찍 떨어진다.

잎의 길이는
약 2~4밀리미터다.

잎

가시

잎은 처음에
붉은색으로 돋아나온다.

가시의 길이는
약 10밀리미터다.

줄기마디는 길이 7~15센티미터,
폭. 2~4센티미터 정도다.

줄기 길이가
150~200센티미터 정도
떨기나무灌木처럼 자란다.

꽃은 5월에
줄기마디 위쪽에 달린다.

엽단선葉團扇선인장

[엽선 · 브라질부채선인장 · 희금姬錦]

Brasiliopuntia brasiliensis

[*Opuntia brasiliensis*]

—

줄기는 처음에는 납작하지만 점차 둥근기둥꼴로 자란다. 높이가 4(~20)미터까지 자란다. 줄기마디는 납작하고 길이가 1미터까지도 자란다. 가시의 길이는 약 15~25밀리미터다. 열매의 지름 1센티미터 정도도.

가시자리

잎

열매의 지름은
약 1센티미터다.

암술

수술

줄기마디는 납작하고
길이가 1미터까지도 자란다.

꽃은
연한 노란색으로 핀다.

꽃의 지름은 약 6〜9센티미터다.

암술과 수술

잎은 일찍
떨어진다.

잎의 길이는
약 2〜4밀리미터다.

잎

잎은 처음에
붉은색으로
돋아 나온다.

시자리

가시

가시의 길이는
15〜25밀리미터 정도다.

줄기는
점차 둥근기둥꼴로 되어
높이 4(〜20)미터 정도의
떨기나무처럼 자란다.

엽단선선인장

은세계銀世界선인장

[은세계 · 백모선白毛扇]

Opuntia leucotricha

[Aaron's Beard Prickly Pear]

—

높이가 2~6미터까지 자란다. 줄기마디는 길이 10~20센티미터 정도의 길둥근
꼴 또는 둥근꼴이며, 흰 솜털로 덮인다. 가시는 쉽게 휘며 그 중 한 개는 길어서
길이가 약 3~8센티미터. 열매는 공 모양이며 길이가 4~6센티미터 정도고 흰
색, 붉은색, 자주색 등으로 익으며 향기가 있다.

꽃은
5월에 핀다.

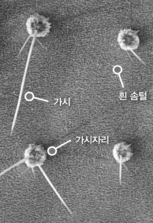

가시

흰 솜털

가시자리

열매의 길이는
약 4~6센티미터다.

암술과 수술

꽃봉오리

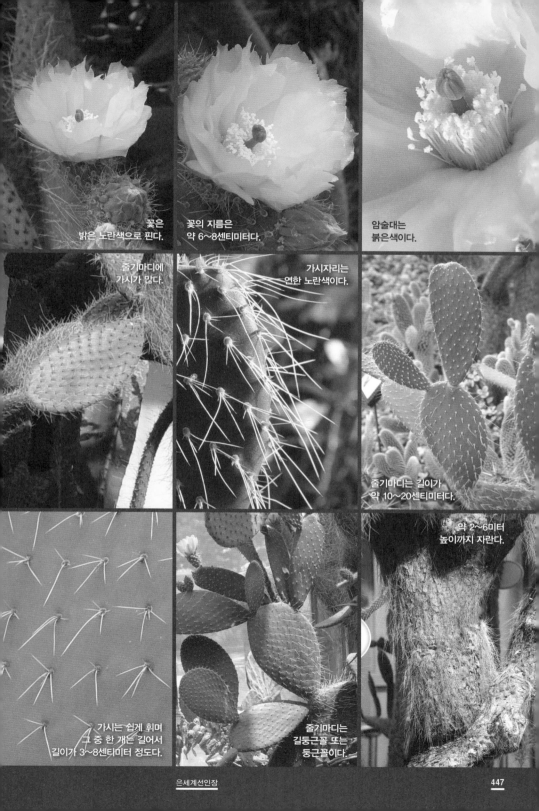

꽃은
밝은 노란색으로 핀다.

꽃의 지름은
약 6~8센티미터다.

암술대는
붉은색이다.

줄기마디에
가시가 많다.

가시자리는
연한 노란색이다.

줄기마디는 길이가
약 10~20센티미터다.

가시는 쉽게 휘며
그 중 한 개는 길어서
길이가 3~8센티미터 정도다.

줄기마디는
길둥근꼴 또는
둥근꼴이다.

약 2~6미터
높이까지 자란다.

꽃은
줄기마디 위쪽에 달린다.

가시자리

흰 솜털

금오모자金烏帽子선인장

[단모단선短毛團扇 · 소판단선小判團扇]

Opuntia microdasys

[Bunny Ears Cactus · Polka Dot Cactus]

—

높이 60~90센티미터 정도 자란다. 줄기마디는 길이 5~15센티미터, 폭 4~12센티미터 정도다. 꽃은 길이 4~5센티미터, 지름 2.5~3(~4)센티미터 정도다. 은세계선인장*O. leucotricha*에 비해 가시가 거의 없는 편이다.

열매는 길이 2.5~3센티미터
정도다.

꽃밥은 노란색,
수술대 아래쪽은 연한 초록색이다.

가시자리에
짧은 가시

꽃은 4~5월,
노란색으로 핀다.

꽃은 길이 4~5cm,
지름 2.5~3(~4)센티미터 정도다.

암술머리는 6~8갈래로 갈라지며,
초록색이다.

줄기마디에 가시가 거의 없지만,
짧은 가시가 약간 있는 것도 있다.

가시자리에 돋아나는 새잎

줄기마디는 길이 5~15센티미터,
폭 4~12센티미터 정도다.

줄기마디는
길둥근꼴 또는 둥근꼴이다.

줄기마디는 점차
단단한 갈색 줄기로 변하게 된다.

높이
60~90센티미터 정도 자란다.

꽃은
줄기마디 위쪽에 달린다.

백도선白桃扇선인장

[백오모자白烏帽子선인장 · 토끼선인장 · 상아단선]

Opuntia microdasys var. albispina

[Rabbit Ears Cactus · Polka Dot Cactus]

높이 60~90센티미터, 너비 150센티미터 정도 옆으로 퍼지는 떨기나무다. 줄기 마디는 길이 7~15cm, 폭 3~7cm 정도다. 꽃은 지름 3~5센티미터 정도이며 연한 노란색으로 핀다. 큰 가시는 거의 없지만, 가시자리에 길이 2~3밀리미터 정도의 수많은 흰색 털같은 가시가 많다. 금오모자선인장O. microdasys에 비해 가시 자리가 크고 촘촘해서 전체적으로 흰색을 띤다.

가시자리는
지름 5밀리미터 정도다.

열매는 길이 2.5~3센티미터
정도이며 붉은색으로 익는다.

꽃밥은 노란색,
수술대 아래쪽은 연한 초록색이다.

가시자리는 촘촘한 편이며
짧은 흰색 털같은 가시가 많다.

꽃은 5~6월,
연한 노란색으로 핀다.

꽃은
지름 3~5센티미터 정도다.

암술머리는 6~8갈래로 갈라지며,
초록색이다.

줄기마디에 큰 가시가 거의 없지만,
가시자리에 수많은 흰색 털같은
가시가 있다.

가시자리에 흰색 털같은 가시는
길이 2~3밀리미터 정도다.

줄기마디는 길이 7~15센티미터,
폭 3~7센티미터 정도다.

줄기마디는
길둥근꼴이다.

줄기마디는 점차
단단한 갈색 줄기로 변하게 된다.

높이 60~90센티미터,
너비 150센티미터 정도
옆으로 퍼지는 떨기나무이다.

백도선선인장

꽃은 줄기마디
위쪽에 달린다.

가시

잎

사진단선砂塵團扇선인장

[호자단선 · 홍화단선 · 태산 · 파단선 · 마왕선]

Opuntia elatior

높이가 4미터까지 자란다. 줄기마디의 길이는 10~20(~40)센티미터 정도고 거꿀달걀꼴이다. 잎의 길이는 약 4밀리미터다. 가시는 2~8개가 모여 나며 길이가 2~4(~7)센티미터 정도다.

열매는
자주색으로
익는다.

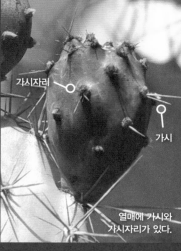

가시자리

가시

열매에 가시와
가시자리가 있다.

줄기마디는
거꿀달걀꼴이다.

꽃은
주황색으로 핀다.

꽃의 지름은
약 3~5센티미터.

꽃은 주황색 바탕에
붉은색 줄무늬가 있다.

잎의 길이는
약 4밀리미터다.

잎

가시자리

잎은 일찍
떨어진다.

가시는 2~8개가 모여 나며
길이가 2~4(~7)센티미터 정도다.

줄기마디는 길이가
약 10~20(~40)센티미터다.

약 4미터
높이까지 자란다.

사진단선선인장

꽃은 5월에
줄기마디 위쪽에 달린다.

줄기마디는 벨벳처럼
부드러운 솜털로 덮여있다.

융모단선絨毛團扇선인장

[오푼티아 토멘토사 · 녹각단선 · 지주소단선]

Opuntia tomentosa

약 2~3(~6)미터 높이로 곧게 서서 자란다. 줄기마디는 벨벳처럼 부드러운 솜털
로 덮여있다. 줄기마디는 길이 15~30센티미터, 폭 6~12센티미터 정도다. 가시는
0~4개가 모여 나며 길이가 5~15밀리미터 정도다. 열매는 공 모양 또는 달걀꼴
이며 길이가 3~5센티미터 정도다.

꽃은
줄기마디 위쪽에
달린다.

암술과 수술

줄기마디는 길이 15~30센티미터,
폭 6~12센티미터 정도다.

꽃은 붉은색 또는
등적색으로 핀다.

꽃은 지름 4~5센티미터
정도다.

암술과 수술

가시가 보이지 않는
새로 돋은 줄기마디

가시는 0~4개가 모여 나며
길이가 5~15밀리미터 정도다.

줄기마디는
긴 달걀꼴이다.

가시는
듬성듬성 달린다.

가시자리

가시

약 2~3(~6)미터 높이로
곧게 서서 자란다.

꽃은 줄기마디
위쪽에 달린다.

새로 돋는 줄기마디에서
잎이 돋는다.

해안단선海岸團扇선인장
[해안부채선인장 · 해변가시배선인장]

Opuntia littoralis

높이는 60센티미터 정도 자란다. 줄기마디는 길이 12~22센티미터, 폭 7~10센티미터 정도다. 가시는 1~11개씩 모여 달리며 길이가 1~2(3~7)센티미터 정도다. 열매의 길이는 약 4센티미터다.

암술머리는 초록색이다.

꽃은 줄기마디
위쪽에 달린다.

줄기마디는
거의 둥근꼴에 가깝다.

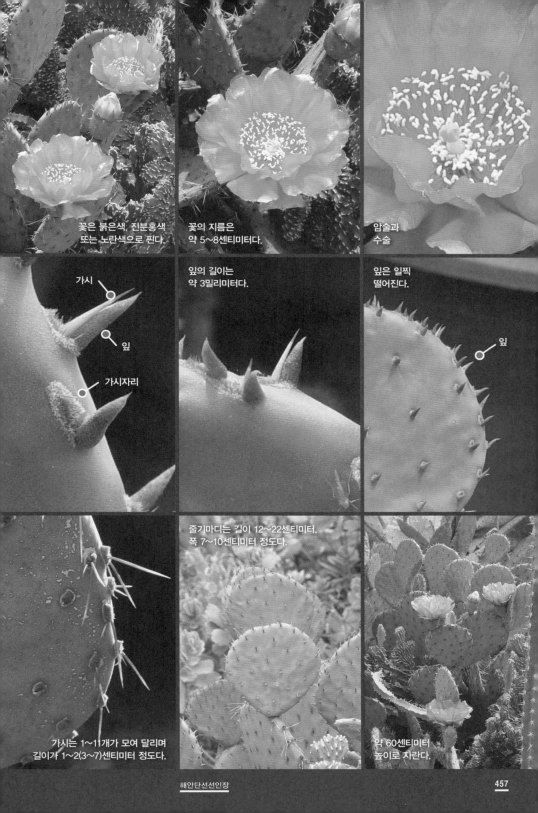

꽃은 붉은색, 진분홍색
또는 노란색으로 핀다.

꽃의 지름은
약 5~8센티미터다.

암술과
수술

가시

잎

가시자리

잎의 길이는
약 3밀리미터다.

잎은 일찍
떨어진다.

잎

가시는 1~11개가 모여 달리며
길이가 1~2(3~7)센티미터 정도다.

줄기마디는 길이 12~22센티미터,
폭 7~10센티미터 정도다.

약 60센티미터
높이로 자란다.

해안단선선인장

꽃은
늦가을에 핀다.

목기린木麒麟선인장

Pereskia aculeata
—

줄기의 길이가 6~9미터 정도 자라는 늘푸른 떨기나무 또는 덩굴나무다. 잎은 길이 4~7센티미터, 폭 4~5센티미터 정도며 다육질이다. 가시는 처음에 1~3개 가 모여 나지만 점차 숫자가 많아진다.

어린 가시

어린 열매

꽃

암술과 수술

꽃의 지름은
약 4~5센티미터다.

꽃은 연한 노란색
또는 유백색으로 핀다.

암술과 수술

잎은 길이 4~7센티미터,
폭 4~5센티미터 정도다.

가시는
처음에 1~3개가 모여 나지만
점차 숫자가 많아진다.

잎은 어긋나게 달리며
다육질이다.

암술과 수술

늘푸른
떨기나무 또는
덩굴나무다.

줄기 길이가
6~9미터 정도 자란다.

꽃은 여름에
분홍색으로 핀다.

잎 양면에는
털이 없다.

앵기린櫻麒麟 선인장

Pereskia grandifolia

[Rose Cactus]

—

높이가 2~5미터 정도 자란다. 줄기에 가늘며 긴 가시가 모여서 난다. 잎은 길이
가 약 4~7센티미터다. 꽃은 지름이 3~5센티미터 정도며 여름에 분홍색으로
핀다.

7월의
열매

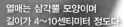

열매는 삼각뿔 모양이며
길이가 4~10센티미터 정도다.

꽃받침

꽃잎은
활짝 펼쳐져
젖혀진다.

꽃의 지름은
3~5센티미터 정도다.

암술머리는 흰색이고
꽃밥은 노란색이다.

잎은
어긋나게 달린다.

시자리

잎자루 아래쪽에
가시자리가 있다.

잎은 긴 길둥근꼴이며,
길이 4~7센티미터다.

암술머리

가시자리

어린 가지에 털이 없고,
가늘고 긴 가시가 모여서 난다.

약 2~5미터
높이로 자라는
반늘푸른작은키나무다.

꽃은 줄기 위쪽에
모여서 핀다.

줄기는
혹줄기로 구성된다.

여봉麗峯

Monadenium guentheri var. mammillare

[*Euphorbia guentheri var. mammillare*]
—

장군각M. ritchiei과 비슷하지만 꽃은 흰색으로 핀다. 줄기는 길이 45~90센티미
터, 지름 2~4센티미터 정도다. 가시의 길이는 약 2밀리미터로 짧다. 꽃의 길이는
4밀리미터 정도고 흰색으로 핀다.

꽃은 줄기 위쪽에
모여 달린다.

술잔모양꽃차례

혹줄기 끝에
길이 2밀리미터 정도의
짧은 가시가 있다.

가시

꽃은
흰색으로 핀다.

꽃의 길이는
약 4밀리미터다.

술잔모양꽃차례
盃狀花序

잎은 일찍
떨어진다.

잎의 길이는
약 7밀리미터다.

잎

혹줄기는 길이가
12밀리미터 정도며
적갈색 줄무늬가 있다.

줄기 지름이
2~4센티미터 정도다.

줄기 길이가
약 45~90센티미터다.

꽃은
혹줄기 사이에서
봄에 핀다.

잎은 연한 초록색이며
흰색 잎맥이 뚜렷하다.

장군각將軍閣

[리치에이 · 리치아이 · 모나데니움]

Monadenium ritchiei

[*Euphorbia ritchiei*]

—

줄기는 높이 60센티미터, 지름 3센티미터 정도 자란다. 잎은 연한 초록색이며 흰색 잎맥葉脈이 뚜렷하다. 꽃은 혹줄기 사이에서 연분홍색으로 핀다.

꽃은 줄기 위쪽에
모여 달린다.

꽃은
연분홍색으로 핀다.

암술과 수술은 꽃덮이보다 짧다.

꽃

혹줄기

꽃덮이는 다육질이다.

암술대는
세 갈래로 갈라진다.

잎가에
잔 톱니가 있다.

잎은 둥근꼴이며
줄기 끝에 모여 달린다.

잎은 길이 2~3센티미터,
폭 2센티미터 정도다.

짧은 가시

혹줄기 끝에
짧은 가시가 있다.

줄기는 토실토실한
혹줄기로 구성된다.

줄기는 높이 약 60센티미터,
줄기 지름 약 3센티미터 정도
자란다.

꽃은
등줄기 위쪽에 달린다.

귀청옥貴靑玉

[옥사玉司 · 임금기린林檎麒麟]

Euphorbia meloformis

[Melon Spurge]

—

높이 5～10센티미터, 줄기 지름 5센티미터 정도 자란다. 등줄기는 보통 7～8(～12)줄이 배열된다. 가시는 회백색이며 길이가 약 12밀리미터다. 꽃은 등줄기 위쪽에 달린다.

등줄기에
가시가 드문드문 있다.

꽃은
등줄기 위쪽에
달린다.

꽃덮이 조각은
5개다.

클론clone

꽃은
붉은색으로 핀다.

꽃은 지름이
약 3밀리미터다.

암술과
수술

잎은 길이 12밀리미터,
폭 2밀리미터 정도다.

가시는 회백색이며
길이가 약 12밀리미터다.

줄기 지름이
5센티미터 정도 자란다.

약 5~10센티미터
높이로 자란다.

줄기는 처음에 한포기씩 자라지만,
점차 모여서 무리 지어 자라게 된다.

등줄기는
보통 7~8(~12)줄이 배열된다.

귀청옥

암수딴그루이고
꽃은 줄기 위쪽에 모여 달린다.

등줄기는 넓으며
깊이가 얕다.

황옥뮷玉

[오베사대극 · 오베사 · 야구공 · 기린옥 · 포문환]

Euphorbia obesa

[Baseball Plant · Sea Urchin]

—

줄기는 높이 20센티미터, 지름 9센티미터 정도 자란다. 줄기는 대부분 공 모양
이지만, 둥근기둥꼴이 되기도 한다. 어린 줄기는 성게 모양이다. 등줄기는 보통
7~12줄이 배열된다. 열매는 삼각이 지며 지름이 약 7밀리미터이다.

암술과 수술은 꽃덮이보다 길다.

열매는 3능선이 지며
지름이 약 7밀리미터이다.

꽃은
줄기 위쪽에 달린다.

꽃은
초록색으로 핀다.

꽃의 지름은
약 3밀리미터다.

암술대는 세 갈래로 갈라진다.

가시자리는 작고
등줄기 위쪽으로 배열된다.

줄기에
가시는 없다.

줄기 지름이
약 9센티미터 자란다.

줄기는 대부분 공 모양이지만,
둥근기둥꼴이 되기도 한다.

등줄기는
보통 7~12줄이
배열된다.

약 20센티미터
높이로 자란다.

꽃은 봄~여름에
줄기 위쪽에 달리며
암수딴그루다.

유포르비아 호리다 스트리아타

[스트리아타]

Euphorbia horrida var. striata

—

줄기는 높이 40~75센티미터, 지름 10센티미터 정도 자란다. 줄기는 초록색이며
회녹색 줄무늬가 가로로 있는 특징이 있다. 등줄기는 9~12줄이 배열된다. 가시
는 1~5개가 모여 나며, 길이가 4~10밀리미터 정도다.

등줄기에
가시가 많다.

가시는 처음에 붉은색에서
점차 검은색으로 변한다.

씨방에 털이
빽빽하다.

줄기 위쪽에
모여 핀 암꽃

꽃덮이花被

암술대

수술

꽃의 길이는
약 8밀리미터다.

꽃의 지름은
약 5밀리미터다.

암술대는
세 갈래로
갈라진다.

잎은 길이 1센티미터,
폭 1~2밀리미터 정도다.

잎

가시는 1~5개가 모여 나며,
길이가 4~10밀리미터 정도다.

줄기 지름이
10센티미터
정도 자란다.

등줄기는
9~12줄이
배열된다.

약 40~75센티미터
높이로 자란다.

줄기에 회녹색 줄무늬가
가로로 있는 특징이 있다.

유포르비아 호리다 스트리아타

암수딴그루이며,
꽃은 늦겨울에
줄기 위쪽에 핀다.

홍채각紅彩角

[유포르비아 에노플라]

Euphorbia enopla

줄기는 높이 30～100센티미터, 지름 3～4센티미터 정도 자란다. 땅에서 많은 줄기가 올라와 무리 지어 자란다. 등줄기는 6～12줄이 배열된다. 가시의 길이는 1～6센티미터 정도다.

가지는 처음에
붉은색 자주색에서
점차 회색으로 변한다.

긴 가시 끝에 꽃이 달린다.

등줄기는 상하로
곧게 배열된다.

등줄기의 깊이가 깊다.

꽃은 길이 8∼25밀리미터 정도의
가시 끝에 핀다.

꽃은 지름
5밀리미터 정도다.

꽃덮이조각은
4∼6개이며
암적색이다.

가시는 길이
1∼6센티미터 정도다.

등줄기는 뾰족하고
깊이가 깊다.

줄기 지름
3∼4센티미터 정도 자란다.

땅에서 많은 줄기가 올라와
무리 지어 자란다.

등줄기는
6∼12줄이 배열된다.

높이
30∼100센티미터 정도 자란다.

꽃은 여름에
황록색으로 핀다.

등줄기사이에
회백색 줄무늬

구노쟈기린狗奴子麒麟

Euphorbia knuthii

줄기는 높이 30센티미터, 길이 1미터 정도 자란다. 뿌리와 줄기 중간에 덩이줄기
가 비대하게 굵어진다. 등줄기는 혹줄기로 구성되며 2~4(~5)줄이 배열된다. 등
줄기 사이에 회백색 줄무늬가 있다. 가시는 보통 2개씩 모여 나며, 길이 2~9밀리
미터 정도다.

열매는 지름 4~7밀리미터,
길이 4.5밀리미터 정도다.

꽃은 혹줄기
위에 달린다.

혹줄기는 높이 3~5밀리미터 정도며,
간격이 1~3센티미터 정도로 배열된다.

수꽃

꽃의 지름은
3.5~5밀리미터 정도다.

술잔모양꽃차례의 길이는
약 2.5밀리미터다.

가시자리

가시자리는
회갈색이다.

가시는 보통 두 개씩 모여 나며,
길이가 2~9밀리미터 정도다.

잎

잎은 길이 3.5밀리미터,
폭 3.5밀리미터 정도며
일찍 떨어진다.

등줄기 사이에
회백색 줄무늬가 있다.

등줄기는 혹줄기로 구성되며
2~4(~5)줄이 배열된다.

줄기 길이가
1미터 정도 자란다.

기괴도奇怪島

Euphorbia squarrosa

줄기는 길이 15~70센티미터, 지름 1~2센티미터 정도 자란다. 뿌리와 줄기 중간에 덩이줄기가 비대하게 굵어진다. 등줄기는 2~5줄이 배열된다. 가시는 보통 두 개씩 모여 나며, 길이가 4~10밀리미터 정도다.

꽃은 여름에 황록색으로 등줄기에 달린다.

등줄기에 달린 가시

줄기 위쪽 가시

꽃은 줄기 윗부분에 달린다.

열매는 지름이 약 1.5~2밀리미터다.

꽃은 길이 3~5밀리미터,
꽃은 지름 3밀리미터 정도다.

술잔모양꽃차례의
암꽃

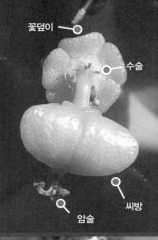

꽃덮이

수술

씨방

암술

잎

잎은 길이 4밀리미터,
폭 4밀리미터 정도며
일찍 떨어진다.

가시는 보통 두 개씩 모여 나며,
길이가 4~10밀리미터 정도다.

줄기 지름이
1~2센티미터 정도다.

줄기 길이가
15~70센티미터
정도 자란다.

등줄기는
2~5줄이
배열된다.

뿌리와 줄기 중간에
덩이줄기가 비대하게
굵어진다.

꽃은 암수딴그루이며
여름에 황록색으로 핀다.

유포르비아 삼부루엔시스

[삼부루엔시스]

Euphorbia samburuensis

줄기는 길이 60~90센티미터, 지름 2센티미터 정도 자란다. 등줄기는 보통 4줄이 배열된다. 등줄기 사이에 황록색 줄무늬가 있다. 가시는 회백색이며 길이가 약 20밀리미터다.

등줄기에 가시가
줄지어 달린다.

등줄기 사이에 황록색 줄무늬

꽃은 등줄기에 달린다.

가시는 보통
2개씩 모여 달린다.

꽃은 지름
3밀리미터 정도다.

수꽃

꽃덮이조각과 수술은 5개씩이다.

가시는 보통 2개씩 모여 나며
길이 20밀리미터 정도다.

줄기 지름
2센티미터 정도 자란다.

가시는
회백색이다.

등줄기 사이에
황녹색 줄무늬가 있다.

등줄기는 보통
4줄이 배열된다.

줄기 길이
60~90센티미터 정도 자란다.

꽃은
밝은 노란색으로
초봄에 핀다.

가시는
보통 네 개씩 모여 난다.

동록기린銅綠麒麟

[잔설령殘雪嶺 · 유포르비아 아에루지노사]

Euphorbia aeruginosa

—

높이는 15~30센티미터 정도 자라는 키 작은 난쟁이 품종이다. 등줄기는 보통 4(3~5)개고 줄기는 청록색이며 줄기 지름이 약 1센티미터. 가시의 길이는 5~12밀리미터다.

줄기는
청록색이다.

꽃은
등줄기를 따라
달린다.

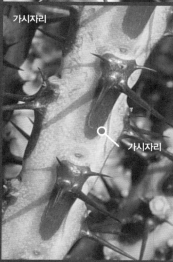

가시자리

가시자리

꽃의 지름은
약 4밀리미터다.

암술

수술

수술은 꽃덮이 길이보다 길다.

가시자리는
암록갈색이다.

짧은가시

긴 가시

가시는 네 개씩 모여 나며
두 개는 길고, 두 개는 짧다.

잎

1밀리미터 정도로
작은 잎은
일찍 떨어진다.

가시의 길이는
약 5~12밀리미터다.

줄기에서 곁가지가
잘 갈라진다.

약 15~30센티미터
높이로 자라는
키 작은 난쟁이 품종이다.

꽃은 등줄기 능선에
1~3개씩 황록색으로 핀다.

잎은 일찍
떨어진다.

유포르비아 페트라에

[페트라에]

Euphorbia petraea

—

약 60센티미터 높이로 자라며 등줄기는 4~5개다. 등줄기에 돋는 날카로운 가시
는 두 개씩 모여 난다. 식물의 흰색 젖물은 유독성이며, 만지면 알레르기 반응을
일으킬 수 있다. 'petraea'는 '암석에서 자란다'는 뜻이다.

등줄기는 뾰족하며,
깊이가 깊은 편이다.

원산지는
아프리카 우간다
공화국이다.

가시는
두 개씩 모여 난다.

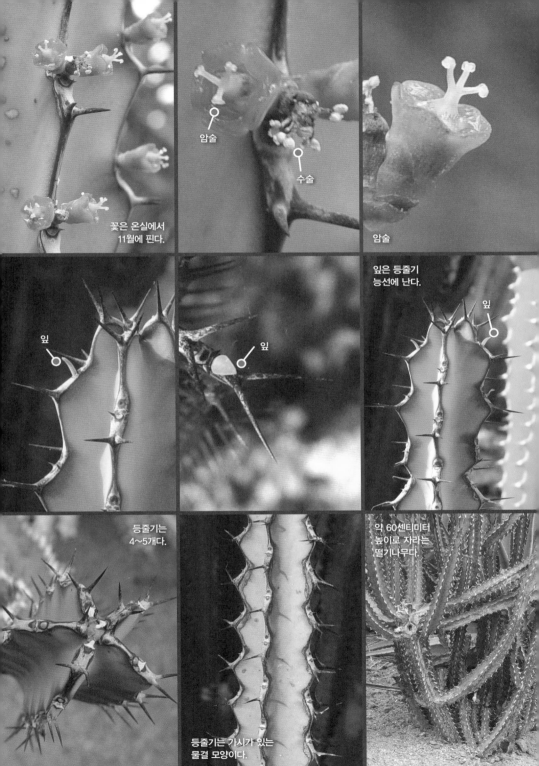

꽃은 온실에서
11월에 핀다.

암술

수술

암술

잎

잎

잎은 등줄기
능선에 난다.

잎

등줄기는
4~5개다.

등줄기는 가시가 있는
물결 모양이다.

약 60센티미터
높이로 자라는
떨기나무다.

유포르비아 페트라에

꽃은 황록색으로
봄에 핀다.

가시는 두 개씩
모여 난다.

대치기린大齒麒麟

[묵전설墨田雪]

Euphorbia grandidens

—

높이 7∼12미터, 줄기 지름 12∼20밀리미터 정도 자란다. 오래된 줄기는 나무처
럼 단단해진다. 등줄기는 물결 모양이며 보통 3(2∼4)줄이 배열된다. 가시는 두
개씩 모여 나며 길이가 4∼6밀리미터 정도다.

꽃은 등줄기 능선에
달린다.

암술머리는
초록색이다.

줄기에서 곁가지가 많이 갈라지며,
곁가지는 약간 늘어지지만
끝 부분은 위를 향한다.

꽃은 등줄기
능선에 달린다.

꽃의 지름은
약 8밀리미터다.

암술대는
세 갈래로
갈라진다.

등줄기는
물결 모양이다.

가시의 길이는
4~6밀리미터 정도다.

줄기 지름이
12~20밀리미터 정도 자란다.

가시자리는
회백색이다.

등줄기는
보통 3(2~4)줄이 배열된다.

높이 7~12미터 정도 자라는
떨기나무 또는 작은키나무다.

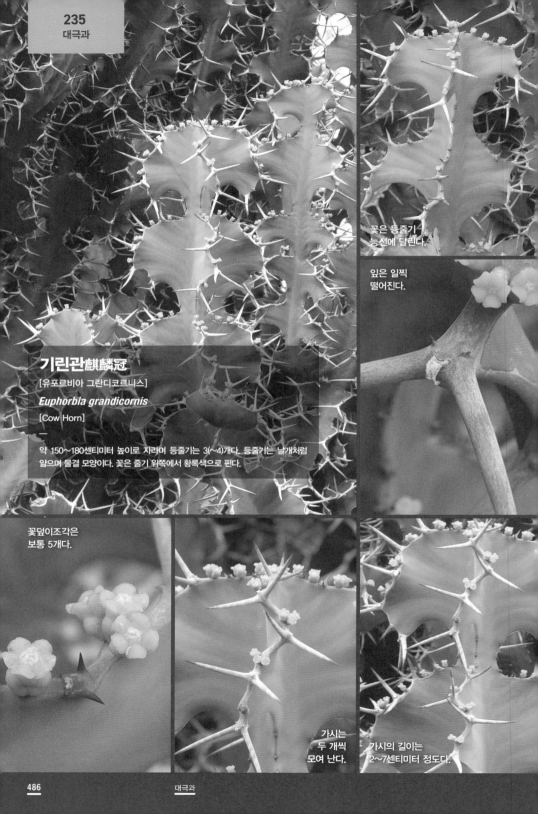

꽃은 등줄기
능선에 달린다.

잎은 일찍
떨어진다.

기린관麒麟冠

[유포르비아 그란디코르니스]

Euphorbia grandicornis

[Cow Horn]

—

약 150~180센티미터 높이로 자라며 등줄기는 3(~4)개다. 등줄기는 날개처럼
얇으며 물결 모양이다. 꽃은 줄기 위쪽에서 황록색으로 핀다.

꽃덮이조각은
보통 5개다.

가시는
두 개씩
모여 난다.

가시의 길이는
2~7센티미터 정도다.

꽃의 지름은
약 4밀리미터로 작다.

꽃은
황록색으로 핀다.

수술

가시는 억세고
날카롭게 뾰족하다.

잎

잎

잎은
가시 사이에 난다.

육질의 줄기는
점차 나무처럼
단단해진다.

등줄기는 얇으며
물결 모양이다.

약 150~180센티미터
높이로 자라는 떨기나무다.

꽃은 등줄기 위쪽 능선에
모여서 핀다.

잎

12월,
잎의 모습

유리탑瑠璃塔

[유포르비아 코오페리 · 트란스발 촛대]

Euphorbia cooperi

[Transvaal Candelabra Tree · Lesser Candelabra Tree]
—

촛대처럼 생긴 줄기는 높이 3~7미터까지 자란다. 등줄기는 4~6개다. 가시는 등
줄기 능선에 두 개씩 달리며 길이는 5~7밀리미터다. 튀는열매는 세 개의 모서리
가 있다..

어린 열매

촛대 모양의 줄기

가시의 길이는
약 5~7밀리미터다.

꽃은
노란 빛이 도는
녹색이다.

줄기 끝에
모여 핀 꽃

수술

암술

가시는
두 개씩
모여 난다.

마른 잎

잎

잎

잎은 일찍
떨어진다.

등줄기는
4~6개다.

줄기는
촛대 모양이다.

높이 3~7미터까지 자라는
떨기나무 또는 작은키나무다.

꽃은 겨울에
줄기 위쪽에서 달린다.

잎 양면에는
털이 없다.

채운각彩雲閣

[트리고나 대극 · 유포르비아 트리고나 · 삼각기린 · 운무각雲霧閣]

Euphorbia trigona

[African Milk Tree]

—

줄기는 높이 2~3미터, 지름 4~6센티미터 정도 자란다. 등줄기는 3~4(~5)개다. 등줄기에 가시는 길이가 2~4밀리미터 정도다. 잎은 거꿀바소꼴이며 길이가 2~4센티미터 정도다.

어린 열매

씨방은
3실이다.

가시의 길이는
약 2~4밀리미터다.

꽃은
초록색으로 핀다.

수술

암술대는
세 갈래로
갈라진다.

등줄기는
3~4(~5)개다.

잎은 거꿀바소꼴이며
길이가 2~4센티미터 정도다.

잎은 등줄기
위쪽 능선에 달린다.

줄기에
마디가 있다.

나무처럼
단단해진 줄기

약 2~3미터 높이로
자라는 떨기나무다.

꽃은 봄에
줄기 위쪽에 핀다.

잎은 일찍
떨어진다.

마른 잎

공작환孔雀丸

[유포르비아 플라나가니 · 공작희 · 난사환]

Euphorbia flanaganii

[Medusa Head]

줄기 길이가 30센티미터 정도 자라며 곁가지는 누워서 옆으로 자란다. 곁가지가
여러 방향으로 뻗어 공작의 깃털을 펼친 것 같은 모양이다. 포기 지름이 60센티
미터 정도로 둥글게 둥근꼴圓形을 이룬다. 식물의 흰색 젖물은 유독성이다.

원줄기에서
많은 곁가지가
갈라진다.

꽃자루가
있다.

줄기 위쪽에
돋은 새잎

꽃은
노란색으로 핀다.

수술

꽃잎 가장자리에
톱니가 있다.

톱니

곁가지를
사방으로 뻗는다.

잎은
바소꼴이다.

잎

잎은 길이가
1센티미터 정도다.

원줄기
끝부분

곁가지의 지름은
5센티미터 정도다.

줄기 길이가
30센티미터
정도 자란다.

공작환

꽃은 줄기 위쪽
잎겨드랑이에 달린다.

귀소각鬼笑閣

[백조기린白條麒麟]

Euphorbia leuconeura

[Madagascar Jewel]

—

높이가 60~90센티미터 정도 자란다. 줄기 아래쪽에서 곁가지가 잘 갈라진다.
등줄기는 네 개이며, 길이가 5밀리미터 정도의 갈색 털이 줄지어 있다. 꽃은 봄에
흰색으로 핀다.

잎 양면에는
털이 없다.

세 개의 암술머리는
다시 두 갈래로 갈라진다.

잎자국
葉痕

줄기는 지름이
약 3센티미터다.

수꽃

암술대는
세 갈래로
갈라진다.

수술대와 꽃밥은
흰색이다.

잎자루는
붉은색이다.

잎은 길이 15센티미터,
폭 3~5(~6)센티미터 정도다.

잎은
거꿀달걀꼴이다.

줄기에서 곁가지가
잘 갈라진다.

등줄기 능선에
길이 5밀리미터 정도의
갈색 털이 줄지어 있다.

약 60~90센티미터
높이로 자란다.

꽃은 줄기 위쪽에
모여 달린다.

분화룡噴火龍
[유포르비아 비구이에리 · 비귀에리]
Euphorbia viguieri
—

높이가 40~100(~150)센티미터 정도 자라며, 등줄기에 긴 가시가 많다. 잎은 갈
잎성落葉性이며, 길이 50센티미터, 폭 24센티미터 정도로 크고 잎자루가 없다. 식
물 전체가 유독성이다.

잎 양면에는
털이 없다.

암술은 3갈래 갈라지고,
끝은 다시 둘로 갈라진다

암수한그루다.

암꽃

봄에 밝은 붉은색의
꽃이 핀다.

수꽃

암술대는
세 갈래로
갈라진다.

턱잎

턱잎은
가시로 변한다.

잎은 갈잎성落葉性이며,
길이 50센티미터,
폭 24센티미터 정도로 대형이다.

잎은 거꿀달걀꼴이며
잎자루가 없다.

가시로
변하는 턱잎

줄기는
지름이 3센티미터 정도며
등줄기에 가시가 많다.

약 40~100(~150)센티미터
높이로 자란다.

꽃은 줄기 위쪽에
연한 녹황색으로 핀다.

잎에는
털이 없다.

유포르비아 웨베르바우에리

Euphorbia weberbaueri
—

높이가 60~90센티미터 정도 자란다. 줄기는 지름이 5~8밀리미터 정도의 둥근기둥꼴이며 불규칙한 둔한 모서리가 있다. 꽃은 줄기 위쪽에 연한 녹황색으로 핀다. 식물체는 유독성이다.

열매의 지름은
약 12밀리미터다.

꽃싸개는
녹황색이다.

꽃싸개

암술

수술

꽃덮이

꽃덮이

수술

씨방

암술

꽃싸개
苞葉

수술

꽃덮이

꽃은 연한
녹황색으로 핀다.

술잔모양꽃차례

잎은 길이 20밀리미터,
폭 8밀리미터 정도다.

잎은 줄기 끝에
모여 난다.

잎은
길둥근꼴이다.

줄기에 불규칙한
둔한 모서리가 있다.

줄기에서 곁가지가
잘 갈라진다.

약 60~90센티미터
높이로 자란다.

꽃은 가지 끝에
달린다.

잎에는
털이 있다.

청산호靑珊瑚

[녹산호綠珊瑚 · 티루칼리]

Euphorbia tirucalli

[Pencil Bush · Pencil Tree]

높이가 3~5(~9)미터까지도 자란다. 줄기는 연필처럼 생겨서 Pencil Bush,
Pencil Tree라고 불리기도 한다. 가지는 지름 5~8밀리미터 정도의 털이 없는 둥
근기둥꼴이다. 식물에 상처가 나면 젖물이 나오는데, 피부나 눈에 들어가면 발진
이나 알레르기를 일으키는 원인이 된다.

꽃덮이조각은
5개다.

꽃은
가지 끝에 달린다.

줄기는
밝은 초록색이다.

꽃은
밝은 녹색으로 핀다.

꽃의 지름은
약 6밀리미터다.

수술 꽃덮이

잎은 일찍
떨어진다.

잎은 가지
위쪽에 달린다.

잎의 길이는
약 12밀리미터다.

줄기는
점차 나무처럼
단단해진다.

줄기에서 곁가지가
많이 갈라진다.

약 3~5(~9)미터 높이까지도
자라는 떨기나무다.

꽃은 잎겨드랑이에 달리며,
한 꽃대에 2~3개의 꽃이 달린다.

잎 뒷면은
자줏빛이 돈다.

동화기린童花麒麟

[데카리]

Euphorbia decaryi

—

높이가 15센티미터 이하로 자란다. 반늘푸른잎은 다육질이며 유독성 식물이다.
잎은 진한 녹색이며 여름에는 적자색으로 물든다. 잎은 길이 4센티미터, 폭 15밀
리미터 정도며 잎가에는 지그재그의 물결 모양 주름이 있다.

꽃은 4~6월에
적록색으로 핀다.

꽃싸개의 지름은
7밀리미터 정도로 작은 편이다.

물결 모양의
잎 가장자리

꽃덮이

꽃싸개

꽃싸개苞葉는 두 장이며 녹갈색이고,
꽃덮이花被는 노란색이다.

수술

잎은 줄기 끝에
모여 달린다.

잎가에는 지그재그의
물결 모양 주름이 있다.

잎은 길이 4센티미터,
폭 15밀리미터 정도다.

줄기는 회백색이며
곁가지가 잘 갈라진다.

약 15센티미터 높이 이하로
자라는 떨기나무다.

꽃싸개의
끝은 뾰족하다.

꽃싸개

잎은 통통한
다육질이다.

통엽화기린筒葉花麒麟

Euphorbia cylindrifolia

—

동화기린E. decaryi과 비슷하지만 잎은 길이 20밀리미터, 폭 3밀리미터 정도로 통통한 다육질이며 세로로 골이 깊게 파여 있는 특징이 있다. 줄기 아래쪽은 비대하게 굵어진다.

꽃싸개의 지름은
약 1센티미터다.

꽃싸개는 베이지색이며
꽃덮이는 황록색이다.

꽃은 줄기 끝에
모여 달린다.

꽃은 잎겨드랑이에
두 개씩 핀다.

꽃덮이

꽃싸개

수술

꽃싸개

잎끝은 길게
뾰족하다.

잎에는 세로로
골이 깊게
파여 있다.

잎은 길이 20밀리미터,
폭 3밀리미터 정도다.

줄기에
뾰족한 돌기

줄기 아래쪽은
비대하게 굵어진다.

줄기 길이가
60센티미터까지도 자라는
떨기나무다.

꽃차례는 잎겨드랑이에 달리며
길이가 5~6센티미터 정도다.

잎 양면에는
털이 없다.

꽃기린

[화기린花麒麟 · 기린화麒麟花]

Euphorbia milii

—

높이가 100~180센티미터 정도 자란다. 잎은 길이 3~5센티미터, 폭 15~20밀
리미터 정도다. 가시는 회색이며, 길이가 약 2~3센티미터다. 줄기나 잎에 상처가
나면 나오는 유백색 젖물은 유독성이다.

꽃은
붉은색으로 핀다.

암술

꽃덮이

꽃밥

수술대

꽃덮이

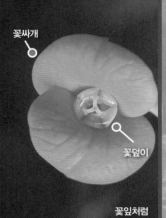

꽃싸개

꽃덮이

꽃잎처럼
보이는 것은
꽃싸개다.

암술대는 세 갈래로 갈라지며,
암술머리는 다시 둘로 갈라진다.

수꽃에서는
암술이 퇴화한다.

가시

턱잎이 변한 가시는
길이가 2~3센티미터 정도다.

잎은 길이 3~5센티미터,
폭 15~20밀리미터 정도다.

잎은 넓은
거꿀바소꼴倒披針形이다.

줄기나 잎에 상처가 나면 나오는
유백색 젖물은 유독성이다.

어린 줄기는
회색이다.

높이가
100~180센티미터 정도 자라는
늘푸른떨기나무常綠灌木다.

꽃기린

한 꽃차례에 꽃은
8~16송이가 모여서 핀다.

꽃기린 '레인보우'

Euphorbia milii 'Rainbow'

—

높이가 60~90센티미터 정도 자란다. 잎은 길이 13~15센티미터, 폭 7센티미
터 정도다. 꽃싸개의 지름은 4~5센티미터 정도다. 꽃싸개는 분홍색이며, 꽃싸
개에 초록색 무늬가 있다. 줄기나 잎에 상처가 나면 나오는 유백색 젖물은 유
독성이다.

잎 양면에는
털이 없다.

잎끝은
둥글다.

꽃싸개는 분홍색이며,
꽃싸개에 초록색 무늬가 있다.

주황색의 꽃덮이

꽃싸개의 지름은
4~5센티미터 정도다.

초록색

꽃덮이

꽃덮이는
주황색이다.

잎은 줄기 위쪽에
모여서 달린다.

잎은 길이 13~15센티미터,
폭 7센티미터 정도다.

잎은 거꿀바소꼴 또는
주걱 모양이다.

약 60~90센티미터
높이로 자라는
늘푸른떨기나무다.

꽃은 줄기 위쪽
잎겨드랑이에 달린다.

가시의 길이는
약 15밀리미터다.

꽃기린 '레인보우'

꽃차례의 길이는
4~7센티미터 정도다.

잎 양면에는
털이 없다.

꽃기린 '두앙 탁신'

Euphorbia milii **'Duang thaksin'**

—

높이가 60~90센티미터 정도 자란다. 가시의 길이는 약 8밀리미터다. 잎은 길이
10센티미터, 폭 4~5센티미터 정도다. 꽃싸개는 연한 홍색이다. 꽃싸개의 지름은
약 3~4센티미터다.

한 꽃차례에
8~16송이의
꽃이 달린다.

수술

꽃덮이

꽃자루

꽃싸개는 지름이
약 3∼4센티미터다.

꽃싸개는
연한 홍색이다.

꽃덮이는
진한 붉은색이다.

잎은 길이 10센티미터,
폭 4∼5센티미터 정도다.

잎은 줄기 위쪽에
모여서 달린다.

잎은 어긋나게 달리고
거꿀달걀꼴 또는
주걱 모양이다.

가시의 길이는
약 8밀리미터다.

꽃 피는 모습

약 60∼90센티미터
높이로 자라는
늘푸른떨기나무다.

꽃대는 길이가
4~7센티미터 정도다.

잎 양면에는
털이 없다.

꽃기린 '크리스티나 비'
Euphorbia milii 'Kristina bee'

—

높이가 60~90센티미터 정도 자란다. 가시의 길이는 10~13(~20)밀리미터 정
도다. 꽃싸개의 지름은 약 4~5센티미터. 꽃싸개는 홍색이며 유백색 무늬가 불
규칙하게 있다. 꽃싸개에는 가느다란 붉은색 꽃잎맥이 있다.

꽃싸개는 홍색,
꽃덮이는 노란색이다.

꽃싸개

꽃덮이

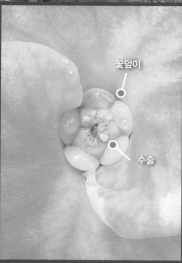

꽃덮이

수술

꽃대는 길다.

꽃싸개

꽃싸개는 지름이
4~5센티미터 정도다.

붉은색 꽃잎맥

유백색 무늬

꽃덮이는
노란색이다.

잎은 어긋나게 달리고
거꿀달걀꼴~주걱 모양이다.

잎은
줄기 위쪽에
모여서 달린다.

잎은 길이 7~8센티미터,
폭 2~3센티미터 정도다.

한 꽃차례에
8~16송이의
꽃이 달린다.

가시의 길이는
10~13(~20)밀리미터 정도다.

약 60~90센티미터
높이로 자라는
늘푸른떨기나무다.

꽃기린 '크리스티나 비'

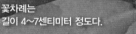
꽃차례는
길이 4~7센티미터 정도다.

꽃기린 '럭키 데이'

Euphorbia milii 'Lucky day'
—

높이가 60~90센티미터 정도 자란다. 꽃대의 길이는 4~7센티미터 정도다. 꽃싸개의 지름은 3~4센티미터 정도다. 꽃싸개는 홍색이며 붉은색 무늬가 불규칙하게 있다.

잎 양면에는
털이 없다.

한 꽃차례에 8~16송이의
꽃이 달린다.

꽃봉오리

꽃대는 암적색이며
털이 없다.

꽃싸개의 지름은
약 3~4센티미터다.

꽃싸개에는 붉은색 무늬가
불규칙하게 있다.

꽃덮이는
노란색이다.

잎은 줄기 위쪽에
모여 달린다.

잎은 길이 7~8센티미터,
폭 2~3센티미터 정도다.

잎은 어긋나게 달리고
거꿀달걀꼴~주걱 모양이다.

꽃 피기 직전

가시의 길이는
10~13(~20)밀리미터 정도다.

약 60~90센티미터
높이로 자라는
늘푸른떨기나무다.

꽃차례는 줄기 위쪽
잎겨드랑이에 달린다.

잎 양면에는
털이 없다.

꽃기린 '서브 룽로트'
Euphorbia milii 'Sub roongrote'
—

약 1미터 높이로 자라고 꽃덮이는 붉은색이다. 꽃싸개의 지름은 3~4센티미터며
붉은색이다. 한 꽃차례에 꽃은 8~16송이가 모여서 핀다.

꽃싸개가
큰 편이다.

한 꽃차례에
8~16송이가
모여서 핀다.

잎끝은
둥글다.

꽃싸개의 지름은
3~4센티미터 정도로 큰 편이다.

꽃싸개

꽃싸개는
붉은색이다.

꽃덮이도
붉은색이다.

잎의 길이는
약 7~8센티미터다.

잎은 줄기 위쪽에
모여서 달린다.

잎은 거꿀달걀꼴이다.

가시가
촘촘히 달린다.

약 1미터
높이로 자라는
늘푸른떨기나무다.

가시는
회백색이다.

꽃기린 '서브 롱로트'

꽃차례는
잎겨드랑이에 달린다.

잎 양면에는
털이 없다.

꽃기린 '넘초크'
Euphorbia milii 'NumChoke'
—

높이가 1미터 정도 자라며 꽃덮이는 주황색이다. 꽃싸개는 연한 노란색이며 연한
초록색 무늬가 있다. 꽃싸개의 지름은 약 4~5센티미터로 큰 편이다.

한 꽃자루에
8~16송이의 꽃이
모여서 핀다.

암술

수술

꽃덮이

꽃싸개의 지름은
약 4~5센티미터로 큰 편이다.

꽃싸개

꽃덮이

꽃덮이는
주황색이다.

잎은
거꿀바소꼴~주걱 모양이다.

잎은
줄기 위쪽에 달린다.

잎의 길이는
약 6센티미터다.

꽃 피는 모습

가시

약 1미터
높이로 자라는
늘푸른떨기나무다.

한 꽃차례에
보통 4~8개의 꽃이 달린다.

꽃기린 '루테아'

[가시나무관]

Euphorbia milii 'Lutea'

[Yellow Crown of Throns]

—

높이가 120센티미터 정도 덤불처럼 자란다. 꽃싸개의 지름은 약 10~13밀리미터
로 작으며, 꽃싸개는 연한 노란색이다. 잎에 상처가 나면 나오는 흰 젖물은 알레
르기 반응을 일으키거나 염증을 유발하기도 한다.

잎은 두꺼우며
잎 양면에는 털이 없다.

꽃대가
길다.

암술

꽃의 크기와 색깔 비교

'Lutea'

'Helena'

꽃싸개의 지름은
10~13밀리미터 정도로 작으며,
연한 노란색이다.

꽃싸개

꽃밥

암술

꽃덮이

잎은
줄기 위쪽에
달린다.

잎의 길이는
3~5센티미터 정도다.

잎은
거꿀달걀꼴이다.

젖물

가시

젖물은
유독성이다.

약 120센티미터
높이로 자라는
늘푸른떨기나무다.

꽃대

꽃차례의 길이는
5~7센티미터 정도다.

잎 양면에는
털이 없다.

꽃기린 '헬레나'

Euphorbia milii 'Helena'

—

높이 30~45센티미터 정도 자란다. 잎은 길이 6센티미터, 폭 24밀리미터 정도다.
꽃잎처럼 보이는 꽃싸개는 흰색이며 길이 15밀리미터, 폭 20밀리미터 정도다. 줄
기의 가시 1개는 길고 2~4개는 짧다.

어린 열매

꽃싸개는
흰색이다.

꽃덮이는
연한 초록색이다.

꽃싸개

꽃덮이

꽃싸개는 길이 15밀리미터,
폭 20밀리미터 정도다.

꽃덮이

수술

암술

잎은 줄기 끝에
모여 달린다.

잎은
거꿀달걀꼴이다.

잎은 길이 6센티미터,
폭 24밀리미터 정도다.

젖물

줄기나 잎에 상처가 나면 나오는
유백색 젖물은 유독성이다.

줄기에 가시 1개는 길고,
2~4개는 짧다.

긴 가시

짧은 가시

약 30~45센티미터
높이로 자라는
늘푸른떨기나무다.

꽃기린 '헬레나'

꽃차례

꽃은 겨울에
노란색으로 핀다.

잎 뒷면에는
털이 있다.

포인세티아 '다빈치'
Euphorbia pulcherrima 'Da Vinci'

[Da vinch Poinsettia]

높이가 30~36센티미터 정도 자라는 키 작은 품종이다. 포엽은 연한 분홍색이다. 꽃은 술잔 모양의 꽃턱花托 속에 암꽃과 수꽃이 함께 들어있는 술잔모양꽃차례다.

열매는 길이 15밀리미터 정도이며,
가장자리에 3개의 둔한
모서리가 있다.

포엽은 연한 분홍색이지만
온도에 따라 색깔이 변한다.

결각이 없는
포엽도 있다.

술잔모양꽃차례

암술

수술

샘물질

수술

샘물질

잎에는
잎맥이 뚜렷하다.

잎은
어긋나게 달린다.

잎 가장자리에 2~3쌍의
얕은 결각이 있다.

포엽은 넓고
둥근 편이다.

어린 줄기에는
털이 없다.

약 30~36센티미터
높이로 키 작은 품종이며.
떨기나무다.

포인세티아 '다빈치'

꽃은 겨울에 피며
술잔모양꽃차례다.

잎 뒷면에는
털이 있다.

포인세티아 '레몬 스노우'

Euphorbia pulcherrima 'Lemon Snow'

[Poinsettia Lemon Snow]

—

포엽은 온도에 따라 색깔이 변하는데 온도가 낮으면 밝은 레몬 빛이 도는 노란색
이지만, 온도가 높아지면 흰색으로 변한다.

열매는 길이 15밀리미터 정도며,
가장자리에 3개의
둔한 모서리가 있다.

온도가 높아지면 포엽은
흰색으로 변한다.

결각이 없는
포엽도 있다.

술잔모양꽃차례

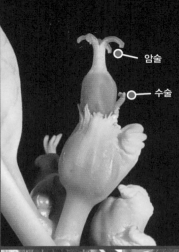

암술

수술

암술

씨방

꽃턱

수술

샘물질

잎에는
얕은 결각이 있다.

잎은 어긋나게 달리며
달걀꼴이다.

포엽은 온도에 따라
노란색 또는 흰색으로 변한다.

꽃싸개의 뒷면

어린 줄기는
녹색이며 털이 없다.

약 50~90센티미터
높이로 키 작은 품종이며,
떨기나무다.

포인세티아 '레몬 스노우'

포엽은 좁고 길며
끝이 뾰족하다.

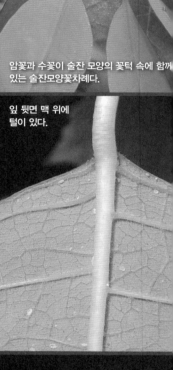

암꽃과 수꽃이 술잔 모양의 꽃턱 속에 함께
있는 술잔모양꽃차례다.

잎 뒷면 맥 위에
털이 있다.

포인세티아

[성탄화聖誕花 · 멕시코 불꽃풀]

Euphorbia pulcherrima

[Poinsettia]

—

높이가 3~5미터 정도 자란다. 잎의 길이는 12~20센티미터 정도다. 포엽은 좁고 길며 끝이 뾰족한 바소꼴이다. 꽃턱 옆에 커다란 샘물질이 있다.

포엽

포엽은 좁고 길며
끝이 뾰족한 바소꼴이다.

술잔모양꽃차례

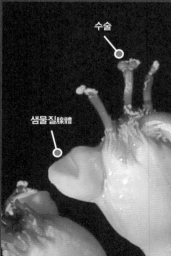

수술

샘물질腺物質

수술

샘물질

씨방

꽃턱

암술

꽃의 지름이
약 6밀리미터다.

샘물질

꽃턱 옆에
커다란 샘물질이 있다.

잎은 길이가
12~20센티미터 정도며,
잎자루가 길다.

잎은 어긋나게 달리고
끝이 뾰족하다.

잎가에는
보통 얕은 결각이 있다.

주둥이처럼 보이는 샘물질에
솟아올라온 액체가 보인다.

어린 가지는
초록색이며
털이 없다.

약 3~5미터
높이로 자라는
늘푸른작은키나무다.

포엽은 넓고 둥글다.

포인세티아 '아네테 헤그 수프림'

[원엽포인세티아]

Euphorbia pulcherrima 'Annette Hegg Supreme'
—

포엽은 넓고 둥글다. 높이가 50~90센티미터 정도로 키 작은 품종이며, 떨기나무다. 포인세티아*E. pulcherrima*에 비해 키가 작게 자라고 붉은 주홍색의 포엽이 넓고 둥근 것이 특징이다.

짙은 붉은색으로
꽃처럼 보이는 것은 포엽이다.

꽃차례

포엽

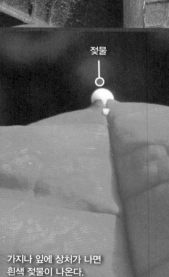

잎 표면에는 털이 없고,
뒷면에는 털이 있다.

영구암술대

열매에 암술대가
남아 있다.

수술

샘물질

꽃턱에 주둥이처럼 생긴
커다란 샘물질이 있다.

젖물

가지나 잎에 상처가 나면
흰색 젖물이 나온다.

술잔모양꽃차례

수꽃

암꽃

꽃턱

암술

씨방

수술

수술

샘물질

꽃턱

꽃턱 옆에 한 개의
큰 샘물질이 있다.

잎자루

잎자루가 길고
붉은색이다.

잎가에 2~3개의
얕은 결각이 있다.

잎은 어긋나게 달리며
달걀꼴이다.

포엽의 모양
포인세티아: 좁고 길다.
원엽포인세티아: 넓고 둥글다.

어린 줄기는
적록색이며 털이 없다.

나무의 높이
포인세티아: 300~600센티미터
원엽포인세티아: 50~90센티미터

포인세티아 '아네테 헤그 수프림'

한 꽃차례에 암꽃은 3~4개,
수꽃은 10~12개가 달린다.

잎 양면에는
털이 없다.

금산호錦珊瑚

Jatropha berlandieri

[*Jatropha cathartica*]

—

높이가 10~35센티미터 정도 자란다. 덩이줄기는 비대해지며 둥근 공 모양이다.
덩이줄기는 높이 20센티미터, 지름 30센티미터까지 비대하게 굵어지기도 한다.
갈잎성 잎은 지름이 10센티미터 정도다.

꽃대는 잎겨드랑이에 달리며,
꽃은 밝은 분홍색 또는
산홋빛 붉은색으로 핀다.

암술머리

높이가 10~35센티미터
정도 자란다.

꽃밥

수꽃

꽃의 지름은
약 12밀리미터다.

암술머리와 씨방은
각 3개씩이다.

잎가에
톱니가 있다.

잎은 5~7갈래로,
잎자루까지 깊이 갈라지는
손바닥 모양이다.

갈잎성 잎은
지름이 10센티미터 정도다.

잎 가장자리에
불규칙한 결각상의 톱니

턱잎

덩이줄기

덩이줄기(塊莖)는 높이 20센티미터,
지름 30센티미터까지도 자란다.

꽃은 늦가을에
주홍색으로 핀다.

산호유동珊瑚油桐

[과태말라대황]

Jatropha podagrica

[Buddha Belly Plant · Bottleplant Shrub]

—

높이가 30~60센티미터 정도 자라며, 줄기 아래쪽은 점차 굵어진다. 잎은 어긋 나게 달리며, 3~5갈래로 갈라지는 손바닥 모양이다.

잎 양면에는
털이 없다.

열매는
튀는열매다.

11월,
열매 모습

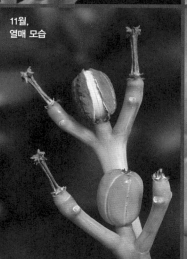

열매의 길이는
약 15밀리미터다.

수꽃의 꽃밥은
노란색이다.

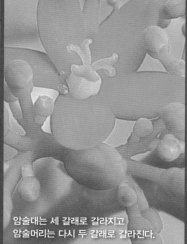

암술대는 세 갈래로 갈라지고
암술머리는 다시 두 갈래로 갈라진다.

수꽃에는 암술이
퇴화하여 보이지 않는다.

손바닥 모양 맥
掌狀脈

잎은 길이와 폭이
10~20센티미터 정도로
넓고 큰 편이다.

잎은 어긋나게 달리며,
3~5갈래로 갈라지는
손바닥 모양이다.

수꽃

어린 줄기는 녹색이며
털이 없다.

높이가
30~60센티미터
정도 자라며,
줄기 아래쪽이
점차 굵어지는
떨기나무다.

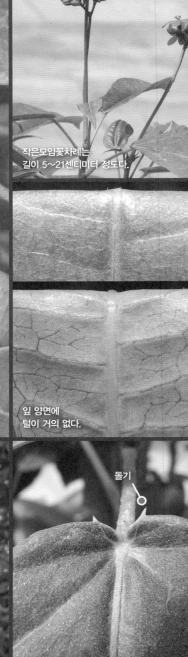

작은모임꽃차례는
길이 5~21센티미터 정도다.

전연엽산호全緣葉珊瑚

[자트로파 인테게리마 · 마타피아]

Jatropha integerrima

[Spicy jatropha]

—

꽃은 밝은 주홍색으로 피며 지름 2~3센티미터 정도다. 꽃은 온도와 습도가 맞
으면 연중 계속 핀다. 잎은 대개 타원형~달걀꼴이지만 3개의 얕은 결각이 있는
것도 있다. 나무껍질이 마르면 강한 향기가 나므로 '향긋한 자트로파Spicy jatropha'
라고 불리기도 한다.

잎 양면에
털이 거의 없다.

튀는열매는 녹적색으로 익으며
지름 10~13밀리미터 정도다.

곁맥

중심맥

돌기

잎밑에 돌기가 있으며,
잎자루에 털이 있다.

꽃은 지름
2~3센티미터 정도다.

꽃은 밝은 주홍색으로 피며,
수꽃의 꽃밥은 노란색이다.

암술대는
3갈래로 갈라지고
암술머리는
다시 2갈래로 갈라진다.

잎은 길이 7~15센티미터,
폭 3~12센티미터 정도다.

잎은 광택이 있는 초록색이며
잎자루는 길이 1~5.5센티미터 정도다.

잎은 어긋나게 달리며,
대개 타원형~달걀꼴이지만
3개의 얕은 결각이 있는 것도 있다.

나무껍질이 마르면 강한 향기가 난다.

어린 가지는 초록색이며
털이 있다.

높이 3~4.5미터 정도 자라는
늘푸른 작은키나무다.

꽃은 어두운 자주색으로
여름에 핀다.

잎은 작고
일찍 떨어진다.

대화서각大花犀角

[스타펠리아 그랜디플로라]

Stapelia grandiflora

[Carrion Plant · Starfish Flower]

—

높이가 15~30센티미터 정도 자란다. 줄기는 모여서 무리 지어 자라며 떨기나무다. 꽃부리의 지름은 15~20센티미터 정도로 큰 편이며, 꽃에서는 시체가 썩는 듯한 악취가 난다.

꽃부리에
줄무늬

줄기는 모여서
무리 지어 자란다.

꽃부리에는 실핏줄 같은
흑적색 줄무늬가 가로로 있다.

꽃부리의 지름은
15~20센티미터 정도로
큰 편이다.

꽃에서는
시체가 썩는 듯한
악취가 난다.

암술과
수술

등줄기는
네 줄이 배열된다.

잎

잔털

잎

어린 줄기에
잔털이 빽빽하다.

줄기는 땅을 기면서
옆으로 퍼진다.

약 15~30센티미터
높이로 자라는 떨기나무다.

꽃은 여름에
줄기 아래쪽에 달린다.

잎

청귀각青鬼角
Huernia schneideriana

[Red Dragon Flower]

—

줄기는 길이 25~30센티미터, 지름 2센티미터 정도 자란다. 등줄기는 보통 5~7
줄이 배열된다. 꽃은 여름에 줄기 아래쪽에 달리며, 보통 아래를 향해 핀다. 꽃부
리의 바깥은 연한 초록색이고 안쪽은 흑자색이다.

줄기에
가시가 없다.

꽃부리의 바깥은
연한 초록색이고
안쪽은 흑자색이다.

꽃은 아래를
향해 핀다.

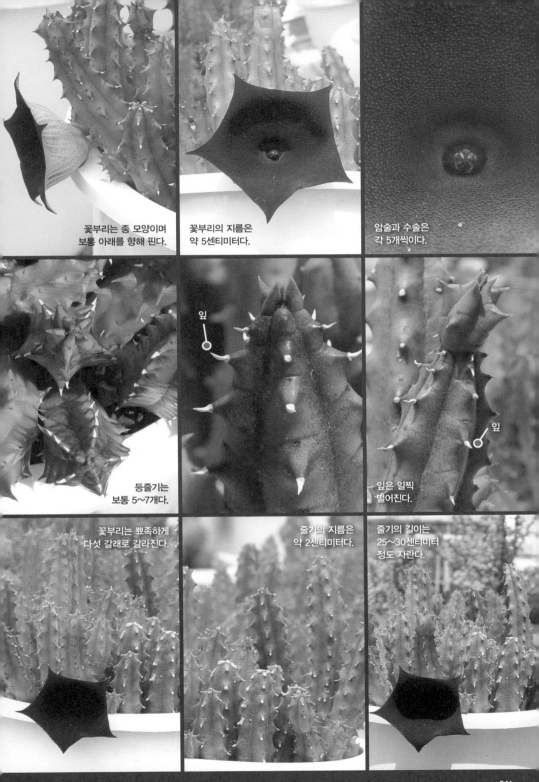

꽃부리는 종 모양이며
보통 아래를 향해 핀다.

꽃부리의 지름은
약 5센티미터다.

암술과 수술은
각 5개씩이다.

등줄기는
보통 5~7개다.

잎

잎은 일찍
떨어진다.

잎

꽃부리는 뾰족하게
다섯 갈래로 갈라진다.

줄기의 지름은
약 2센티미터다.

줄기의 길이는
25~30센티미터
정도 자란다.

꽃은 봄에
자주색으로 핀다.

가시는
한 개씩
달린다.

마배각魔盃閣

Hoodia macrantha

줄기는 둥근기둥꼴이며, 모여서 무리 지어 자란다. 줄기는 곧게 서며 높이 70~80센티미터, 지름 8센티미터 정도 자란다. 등줄기는 혹줄기로 구성되며 가시로 덮인다. 가시는 흰색이며, 길이가 약 1센티미터다.

쪽꼬투리열매(蓇葖)는
예각으로 벌어진다.

꽃은
줄기 위쪽에 달린다.

꽃봉오리는
연한 녹색이다.

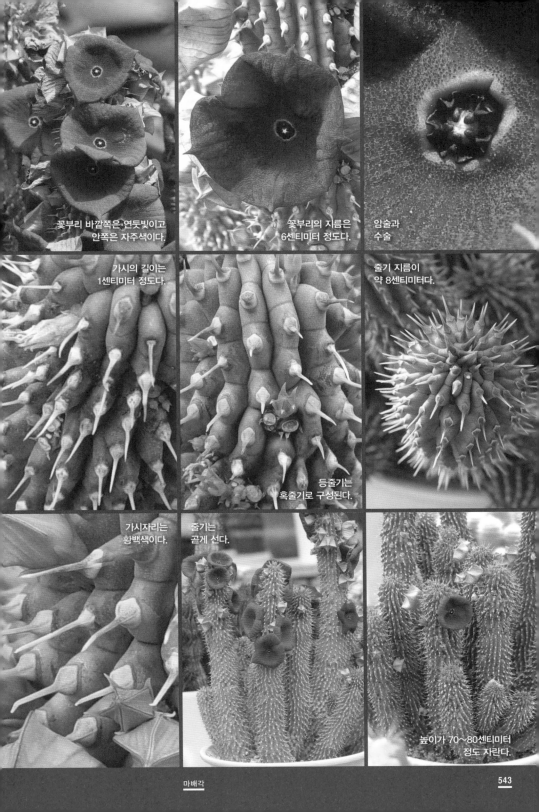

꽃부리 바깥쪽은 연둣빛이고
안쪽은 자주색이다.

꽃부리의 지름은
6센티미터 정도다.

암술과
수술

가시의 길이는
1센티미터 정도다.

줄기 지름이
약 8센티미터다.

등줄기는
혹줄기로 구성된다.

가시자리는
황백색이다.

줄기는
곧게 선다.

높이가 70～80센티미터
정도 자란다.

30~40개 정도의
꽃이 모여 우산꽃차례를 이룬다.

호야

[왕접매玉蝶梅·옥첩매]

Hoya carnosa

—

덩굴 길이가 2~3미터 정도 자란다. 잎은 길이 17센티미터, 폭 10센티미터 정도
다. 우산꽃차례傘形花序는 잎겨드랑이에 달리며 한 꽃차례에 보통 30~40개 정
도의 꽃이 모여 핀다

잎자루에
털이 있다.

덧꽃부리에는
털이 없다.

꽃부리花冠에 털이 있다.

덧꽃부리

꽃부리의 지름은 2센티미터 정도며
덧꽃부리副花冠의 중심은 붉은색이다.

꽃에는
향기가 있다.

덧꽃부리

꽃부리갈래조각花冠裂片은
5개다.

잎 뒷면

잎은 어긋나게 달리며
광택이 있는 다육질이다.

잎은 길이 17센티미터,
폭 10센티미터 정도다.

꽃받침조각은
5개다.

꽃받침

줄기에 공기뿌리氣根가 발생하며
나무나 바위에 붙어 자란다.

덩굴 길이가
2~3미터 정도 자라는
늘푸른덩굴나무常綠蔓木다.

호야

꽃은 잎겨드랑이에
1개씩 달린다.

러브체인

[세로페지아 · 하트덩굴]

Ceropegia linearis subsp. woodii

[Rosary Vine · String of Hearts]

—

줄기 길이가 2~4미터 정도인 긴 덩굴성 다육식물이며, 아래로 축 늘어진다. 줄기마디 사이에 살눈肉芽이 발생한다. 잎 표면은 암녹색 바탕에 회백색의 얼룩무늬가 얼룩얼룩하게 있다. 꽃은 적자색이고 호리병 모양이며 길이가 25~30밀리미터 정도다.

잎 뒷면에
털이 없다.

쪽꼬투리열매는
예각으로
벌어진다.

꽃부리통부
아래쪽은 공처럼 부푼다.

꽃받침조각은
길게 뾰족하다.

꽃은 호리병 모양이며
길이 25~30밀리미터 정도다.

꽃부리갈래조각은
5개이다.

꽃받침조각

잎끝에
가시같은 돌기

잎은 작은 하트 모양이며
길이와 폭이 1~2센티미터 정도다.

잎은 마주 달리고
회백색 얼룩무늬가 있다.

꽃부리통부 속의 모습

살눈

줄기마디 사이에
살눈이 발생한다.

줄기 길이 2~4미터 정도 자라는
늘푸른덩굴나무다.

러브체인

꽃은 잎겨드랑이에 달리며
4～5송이가 모여서 핀다.

화성인火星人

[포케아 에둘리스]

Fockea edulis

—

줄기는 덩굴성이며 길이가 4미터까지 자란다. 덩이줄기는 지름이 60센티미터까지도 뚱뚱해진다. 식물은 유독성이지만 원산지 남아프리카에서는 덩이줄기를 식용한다.

잎 양면에는
털이 없다.

꽃은 늦여름에
백록색으로 핀다.

암술과 수술

꽃에는
달콤한 향기가
약간 있다.

꽃의 지름은
6~15밀리미터 정도다.

꽃잎

수술

암술

수술

꽃받침

꽃잎

줄기는
가늘다.

잎은 길이 35밀리미터,
폭 20밀리미터 정도다.

반늘푸른 잎은
다육질이며
마주 달린다.

어린 가지에는
털이 없다.

덩이줄기는
지름이 60센티미터까지도
뚱뚱해지는
반늘푸른덩굴나무다.

줄기는 덩굴성이며
길이가 4미터까지 자란다.

원뿔꽃차례의 길이는
10~20센티미터 정도다.

잎에는
가장자리털이 있다.

흑법사黑法師

[아이오니움 아르보레움 '아트로푸르푸레움']

Aeonium arboreum 'Atropurpureum'

—

높이가 60~100센티미터 정도 자란다. 줄기의 지름은 1~4센티미터 정도다. 잎 양면에는 털이 없지만, 잎에는 가장자리털緣毛이 있다. 잎의 길이는 5~9(~15)센티미터고 두께는 1.5~3밀리미터 정도다. 원뿔꽃차례의 길이는 10~20센티미터고, 꽃의 지름은 약 2센티미터다.

원뿔꽃차례는
줄기 끝에 달린다.

수술은 암술보다 길다.

암술은
7~11개다.

꽃은
밝은 노란색으로 핀다.

꽃의 지름은
약 2센티미터다.

꽃잎은
7~11개다.

잎은 어두운 적자색이고
거꿀바소꼴이다.

잎은 길이가 5~9(~15)센티미터고
두께는 1.5~3밀리미터 정도다.

잎은 지름 20센티미터 정도로
줄기 위쪽에 모여 달린다.

새잎이
나오는 모습

줄기에서
공기뿌리가
길게 나온다.

공기
뿌리

높이가 60~100센티미터 정도
자라는 늘푸른떨기나무다.

원뿔꽃차례는 길이가
30〜50센티미터 정도다.

잎 양면에는 털이 없지만,
잎에는 가장자리털이 있다.

군미려君美麗

Aeonium holochrysum

높이가 50〜150센티미터 정도 자란다. 잎은 광택이 있는 밝은 녹색이고 거꿀바
소꼴이며 다육질이다. 잎의 길이는 10〜15센티미터 정도다. 원뿔꽃차례의 길이
는 약 30〜50센티미터다.

꽃잎은
활짝 펼쳐진다.

꽃받침

작은꽃자루에
털이 없다.

수술

암술

꽃은
11월에 핀다.

꽃잎은 9~11개다.
꽃의 지름은 약 17밀리미터다.

수술이
암술보다
약간 길다.

잎은 광택이 있는
밝은 녹색이다.

잎의 길이는
10~15센티미터 정도다.

잎은 지름 30센티미터 정도로
줄기 위쪽에 모여 달린다.

꽃봉오리

공기뿌리

줄기에서
공기뿌리가
길게 나온다.

높이가 50~150센티미터
정도 자라는 늘
푸른떨기나무다.

꽃은 봄부터
여름에 핀다.

소인제小人祭

[매배경妹背鏡 · 아이오니움 세디폴리움]

Aeonium sedifolium
—

높이가 15~30센티미터 정도 자란다. 잎의 길이는 10~12밀리미터 정도며 잎에
는 적갈색 줄무늬가 있다. 잎은 토실토실하고 끈적거리며 잎끝은 둥글다.

잎은 통통하고 끈적거리며
잎끝은 둥글다.

꽃대가 길다.

암술과
수술

꽃은 밝은
노란색으로 핀다.

꽃은 밝은
노란색으로 핀다.

꽃의 지름은
약 15밀리미터다.

수술

암술

꽃잎은 뒤로
젖혀진다.

잎에는 적갈색
줄무늬가 있다.

잎의 길이는
약 10~12밀리미터다.

잎은 줄기 위쪽에
모여 달린다.

잎은
통통하다.

줄기는 나무처럼
단단해진다.

높이가
15~30센티미터 정도 자라는
버금딸기나무亞灌木다.

소인제

꽃은
봄에 핀다.

아이오니움 세디폴리움 × 스파툴라툼

[아르놀디 · 아놀디]

Aeonium sedifolium X spathulatum

[*Aeonium arnoldii*]

—

소인제A. sedifolium와 선동창A. spathulatum의 교배종이다. 소인제에 비해 잎은 통통하지 않으며 두께가 얇다. 높이가 30센티미터 정도 자란다. 잎은 길이 12~15밀리미터, 폭 6밀리미터 정도고 잎에는 적갈색 줄무늬가 있다.

소인제에 비해
잎은 통통하지 않으며
두께가 얇다.

꽃대가 길다.

암술과 수술

꽃은
밝은 노란색

꽃은
밝은 노란색으로 핀다.

꽃의 지름은
약 15밀리미터.

꽃잎은
젖혀진다.

잎에는 적갈색
줄무늬가 있다.

잎은 길이 12~15밀리미터,
폭 6밀리미터 정도다.

잎은 줄기 위쪽에
모여 달린다.

잎에 줄무늬

높이가 30센티미터 정도
자라는 버금떨기나무다.

줄기는 암갈색이며
곧게 자란다.

아이오니움 세디폴리움×스파툴라툼

꽃대의 길이는
약 25센티미터다.

애염금愛染錦

[애연금]

Aeonium domesticum f. variegata

—

높이가 15~30센티미터 정도 자란다. 잎은 길이 4센티미터, 폭 15밀리미터 정도
다. 잎에 황백색 줄무늬가 불규칙하게 있다. 줄기에서 곁가지가 잘 갈라진다.

잎에 황백색 줄무늬가
불규칙하게 있다.

꽃은 봄부터 여름에
흰색으로 핀다.

꽃잎은 8개,
수술은 16개다.

잎가에
가장자리털이 있다.

꽃은 연한
녹색으로 핀다.

꽃의 지름은
약 15밀리미터다.

수술은 안쪽으로
오므라진다.

잎은
거꿀바소꼴이다.

잎은 길이 4센티미터,
폭 15밀리미터 정도다.

잎은 줄기 위쪽에
모여 달린다.

잎에
불규칙한 줄무늬

줄기에서 곁가지가
잘 갈라진다.

높이가 15~30센티미터 정도
자라는 버금떨기나무다.

원뿔꽃차례는 길이가
20~30센티미터 정도다.

홍희紅姬
[일월금 · 까라솔]

Aeonium haworthii

[Pinwheel Aeonium]

—

높이가 30~60센티미터 정도 자란다. 잎은 길이 5센티미터, 폭 25밀리미터 정도
며 잎에는 가장자리털이 있다. 강한 태양아래에서 잎가는 붉은색으로 변한다.

잎가는
붉은색으로 변한다.

원뿔꽃차례

수술

꽃받침

잎가에
가장자리털이 있다.

꽃은
늦봄에 핀다.

꽃은
흰색으로 핀다.

수술

잎은 줄기 위쪽에
모여 달린다.

잎은
거꿀바소꼴이다.

잎은 길이 5센티미터,
폭 25밀리미터 정도다.

줄기에서 곁가지가
잘 갈라진다.

잎은 어긋나게
달린다.

높이가 30~60센티미터 정도
자라는 버금떨기나무다.

홍희

꽃차례의 높이는
약 20~50센티미터다.

유접곡遊蝶曲

[청패희靑貝姬 · 백로성白露城]

Aeonium castello-paivae

—

높이가 20~40센티미터 정도 자란다. 잎은 길이 35센티미터, 폭 15밀리미터 정
도다. 꽃차례의 높이는 20~50센티미터 정도며 꽃의 지름은 15~20밀리미터 정
도다.

강한 태양아래에서
잎가는 붉은 빛이 도는
자주색으로 변한다.

꽃잎은 8개,
수술은 16개다.

꽃봉오리

꽃대잎

꽃은 4~6월에
붉은 빛이 도는
녹백색으로 핀다.

꽃의 지름은
약 15~20밀리미터다.

암술과 수술

잎 뒷면

잎은 길이 35센티미터,
폭 15밀리미터 정도다.

잎은 줄기 위쪽에
모여 달린다.

줄기는
적갈색이다.

줄기에서 곁가지가
잘 갈라진다.

높이가 20~40센티미터 정도
자라는 버금떨기나무다.

등천락登天樂

[린들레이]

Aeonium lindleyi

—

높이가 30센티미터 정도 자란다. 잎은 길이 15~25밀리미터, 폭 15밀리미터 정도며 잎에는 벨벳처럼 부드럽고 짧은 흰색 털이 촘촘하다. 잎과 줄기에는 냄새를 퍼뜨리는 끈적한 샘점이 많다.

꽃은 늦은 봄에 핀다.

잎 양면에는 벨벳처럼 부드러운 흰색 털이 많다.

꽃이 진 후의 모습

암술은 보통 8개, 수술은 16개다.

잎은 줄기 위쪽에 모여 달린다.

꽃은 밝은
노란색으로 핀다.

꽃의 지름은
약 15밀리미터.

암술에
털이 있다.

잎에는 냄새를 퍼뜨리는
끈적한 샘점이 많다.

잎은 길이 15~25밀리미터,
폭 15밀리미터 정도다.

잎은 거꿀달걀꼴이며
줄기 위쪽에 모여 달린다.

줄기는 나무처럼
단단해진다.

줄기에서 곁가지가
잘 갈라진다.

높이가 30센티미터 정도 자라는
버금떨기나무다.

등천락

꽃차례의 높이는
22센티미터 정도다.

그리노비아 디플로시클라

[디플로시클라]

Greenovia diplocycla

―

높이 18센티미터, 포기 지름 18센티미터 정도 자란다. 잎은 서리를 맞은 듯한 회록색이며 주걱 모양의 거꿀달걀꼴이다. 잎은 길이 6~7센티미터, 폭 4센티미터 정도다. 여름에는 휴면기, 겨울부터 봄까지는 성장기다.

잎은 서리를 맞은 듯한
회록색이다.

꽃이 피었다가 지고 나면
본체는 말라 죽게 된다.

어린 잎

꽃대가 20센티미터
이상 높이 솟는다.

꽃잎은 19～24개,
수술은 40개 정도다.

꽃은 5～7월에
밝은 노란색으로 핀다.

꽃의 지름은
약 2센티미터다.

잎은 주걱 모양의
거꿀달걀꼴이다.

포기 지름이
18센티미터 정도 자란다.

잎은 길이 6～7센티미터,
폭 4센티미터 정도다.

꽃봉오리

꽃대가
올라오는 모습

높이가 18센티미터
정도 자란다.

그리노비아 디플로시클라

술모양꽃차례의 길이는
30~40센티미터 정도로 길다.

잎에는 암록색의
얼룩이 있다.

삼웅천장三雌天章

[아드로미스쿠스 트리기누스]

Adromischus trigynus

[Cailco Hearts]

—

높이가 10센티미터 정도 자란다. 잎은 길이 6센티미터, 폭 4센티미터 정도 자란
다. 술모양꽃차례의 길이는 30~40센티미터 정도로 길다. 어소금*A. maculatus*에
비해 꽃부리 끝이 뒤로 젖혀져 꽃부리통부에 붙는다.

술모양꽃차례

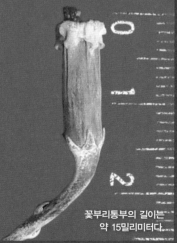

꽃부리통부의 길이는
약 15밀리미터다.

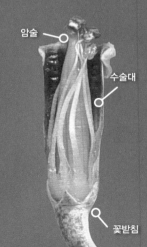

암술

수술대

꽃받침

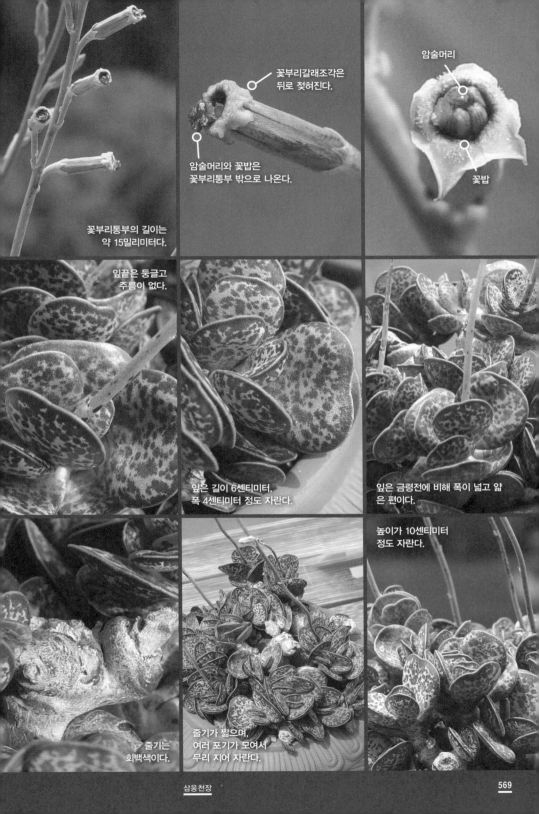

꽃부리갈래조각은
뒤로 젖혀진다.

암술머리

암술머리와 꽃밥은
꽃부리통부 밖으로 나온다.

꽃밥

꽃부리통부의 길이는
약 15밀리미터다.

잎끝은 둥글고
주름이 없다.

잎은 길이 6센티미터,
폭 4센티미터 정도 자란다.

잎은 금령전에 비해 폭이 넓고 얇
은 편이다.

높이가 10센티미터
정도 자란다.

줄기는
회백색이다.

줄기가 짧으며,
여러 포기가 모여서
무리 지어 자란다.

꽃차례의 길이는
약 25센티미터다.

잎은 연한 녹색이며
얼룩점이 없다.

설엽천장楔葉天章

[아드로미스쿠스 스펜노필루스]

Adromischus sphenophyllus

—

높이 10센티미터, 포기 지름 10센티미터 정도 자란다. 잎은 털이 없는 다육질이
며 거꿀달걀꼴이다. 잎은 길이 5센티미터, 폭 3센티미터 정도다. 잎은 연한 초록
색이며 얼룩점이 없다.

이삭꽃차례

꽃은
여름에 핀다.

잎가는
주름이 진다.

술모양꽃차례

꽃의 길이는
약 10밀리미터다.

꽃의 지름은
10밀리미터 정도고
꽃부리 가장자리는
자줏빛이 돈다.

잎은 길이 5센티미터,
폭 3센티미터 정도다.

잎은
거꿀달걀꼴이다.

포기 지름이
10센티미터 정도 자란다.

연한
초록색 줄기

줄기가 짧으며,
여러 포기가 모여서
무리 지어 자란다.

높이가 10센티미터
정도 자란다.

설엽천장

꽃대의 길이는
25~60센티미터 정도다.

잎에는 암녹색의
얼룩점이 있다.

금령전錦鈴殿

[아드로미스쿠스 코오페리 · 쿠페리 · 대엽천금장大葉天錦章]

Adromischus cooperi

[Plover Eggs · knuppelplakkie]

—

높이 7센티미터, 포기 지름 10~14센티미터 정도 자란다. 잎은 털이 없는 다육질
이며 약간 납작한 둥근기둥꼴이다. 잎은 길이 20~35밀리미터, 폭 15~25밀리미
터 정도다. 잎에는 암녹색의 얼룩점이 있다. 잎끝은 폭이 넓으며 물결 모양이다.

이삭꽃차례

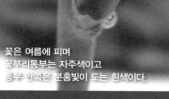

꽃은 여름에 피며
꽃부리통부는 자주색이고
통부 안쪽은 분홍빛이 도는 흰색이다.

잎끝은 얇게 뾰족하다.

이삭꽃차례

꽃은 길이
10밀리미터 정도다.

꽃부리갈래조각은 활짝 펼쳐지지만
젖혀지지는 않는다.

주름

포기 지름이
10~14센티미터 정도 자란다.

잎끝은 폭이 넓으며
물결 모양 주름이 진다.

잎은 길이 20~35밀리미터,
폭 15~25밀리미터 정도다.

줄기는 비스듬히
누워서 자란다.

포기는 보통 모여서
무리 지어 자란다.

높이가 7센티미터
정도 자란다.

꽃은 여름에
붉은색으로 핀다.

잎끝은
자주색으로 물든다.

삼화천장三花天章

[아드로미스쿠스 트리플로루스 · 에스컵]

Adromischus triflorus
—

줄기는 길이가 20센티미터 정도며, 비스듬히 위로 자란다. 잎은 길이 2~3센티미
터, 폭 2~3센티미터 정도다. 잎은 흰 가루로 덮인 회청록색의 긴 삼각형이고 두
터운 다육질이다. 잎끝은 칼로 잘라낸 듯 뭉뚝하다.

꽃은
붉은색으로 핀다.

술모양꽃차례

잎은 강한 햇볕에
적갈색으로 물든다.

꽃부리통부는
길이가 1센티미터 정도다.

수술은
5개다.

꽃의 지름은
약 13밀리미터다.

잎은 길이 2~3센티미터,
폭 2~3센티미터 정도다.

잎끝은
칼로 잘라 낸 듯
뭉뚝하다.

잎은 긴 삼각형이고
두터운 다육질이다.

잎은
어긋나게 달린다.

나무껍질은
그물모양으로 갈라진다.

줄기의 길이는
20센티미터 정도며,
비스듬히 위로 자란다.

삼화천장

술모양꽃차례의 길이는
약 15센티미터다.

아드로미스쿠스 안티도르카툼

[주진석朱唇石]

Adromischus marianiae 'Antidorcatum'

[*Adromischus antidorcacum*]

—

줄기는 곧게 서며 높이 10센티미터 이하로 자란다. 잎은 길이 4센티미터, 폭 7밀리미터 정도다. 잎은 거칠고 적록색 얼룩무늬가 있다. 잎 표면은 편평하거나 한 줄의 깊은 홈이 파여 있으며, 뒷면은 통통하다.

잎은 거칠고
암적녹색 얼룩무늬가 있다.

꽃부리통부는
자주색이다.

꽃부리는
다섯 갈래로
갈라진다.

꽃봉오리

꽃부리통부의 길이는
1센티미터 정도다.

꽃의 지름은
5밀리미터 정도다.

수술은
5개다.

잎은 길이 4센티미터,
폭 7밀리미터 정도다.

잎 뒷면은
통통하다.

잎 표면에는
세로로 깊은 홈이 파여 있다.

잎에 얼룩무늬

잎 표면에는
깊은 홈이 있다.

높이가 10센티미터
이하로 자란다.

아드로미스쿠스 안티도르카툼

원뿔꽃차례의 길이는
10센티미터 정도다.

남십자성南十字星

Crassula perforata 'Variegata'

[Variegated String of Buttons]

—

높이 30~45센티미터, 잎 밑은 줄기를 감싼다. 잎은 십자마주난다. 잎은 길이
10~15밀리미터, 폭 15밀리미터 정도다.

잎은
십자마주난다.

잎에는
밝은 녹백색 무늬가 있다.

꽃은 늦은 봄부터
이른 여름에 핀다.

꽃잎은
5개다.

꽃은 연한
녹황색으로 핀다.

꽃의 지름은
약 3밀리미터다.

암술과 수술은
각 5개씩이다.

잎에는
밝은 녹백색
무늬가 있다.

잎은 길이 10〜15밀리미터,
폭 15밀리미터 정도다.

잎은 십자마주交互對生 달려
탑모양을 이룬다.

줄기는 곧게 서며,
원줄기를 자르면
곁가지가 나온다.

잎 밑은
줄기를 감싼다.

높이 약 30〜45센티미터의
버금떨기나무다.

꽃은 줄기 끝에
작은모임꽃차례聚散花序를 이룬다.

애성愛星

[루페스트리스 · 언성 · 취성翠星 · 백성白星]

Crassula rupestris

[Rosary Vine]

—

높이 15~30센티미터 정도 자란다. 잎 밑은 줄기를 감싼다. 잎은 길이 15밀리미터, 폭 13밀리미터 정도다. 잎은 십자마주난다.

잎 뒷면은
회록색이다.

암술과 씨방은
각 5개씩이다.

꽃잎은
붉은 빛이 도는
흰색이다.

암술은
붉은색이다.

꽃은
연한 분홍색으로 핀다.

꽃은
지름 6밀리미터
정도다.

꽃잎과 수술,
암술은 각 5개씩이다.

잎은 길이 15밀리미터,
폭 13밀리미터 정도다.

잎 가장자리는
연한 녹색이다.

잎은
십자마주난다.

잎은 밝은 녹색이며
회녹색을 띤다.

잎 밑은 줄기를
감싼다.

줄기는 가늘고
높이가 15~30센티미터
정도 자라는 버금떨기나무다.

꽃은 줄기 끝에서
작은모임꽃차례를 이룬다.

무을녀舞乙女

[주희]

Crassula rupestris ssp. marnierana

—

서남아프리카 원산으로 높이 15~30센티미터 정도 탑 모양으로 자란다. 줄기는
가늘지만 매우 튼튼하게 나무처럼 단단해진다. 잎은 십자마주난다. 암술·수술·
꽃잎은 각각 5개씩이다.

잎에는 진한 녹색
얼룩점이 있다.

수술대는 흰색이고
꽃밥은 노란색이다.

꽃은
줄기 끝에
달린다.

작은모임꽃차례

암술대는
5개다.

꽃은 붉은빛이 도는
흰색으로 핀다.

꽃잎과 수술은
각 5개씩이다.

잎은 길이가
5~6밀리미터 정도다.

잎은
십자마주난다.

잎 가장자리는
붉은색으로 물든다.

잎끝은
뾰족하다.

두껍고 작은 잎이
다닥다닥 붙어 자란다.

줄기에서
곁가지가
잘 갈라진다.

높이 15~30센티미터 정도
탑 모양으로 자라는
버금떨기나무다.

원뿔꽃차례는
줄기 끝에 달리며
길이가 10센티미터 정도다.

잎 밑은 줄기를
감싼다貫穿底.

성을녀星乙女
Crassula perforata
—

줄기는 길이가 30〜50센티미터까지 자란다. 잎은 길이 15〜20밀리미터, 폭 9〜13밀리미터 정도다. 원뿔꽃차례는 줄기 끝에 달리며 길이가 10센티미터 정도다. 남십자성*C. perforata* 'Variegata'에 비해 잎에 무늬가 없고 꽃이 흰색이다.

꽃은
줄기 끝에 달린다.

꽃은
흰색으로 핀다.

잎에
무늬가 없다.

꽃은
흰색으로 핀다.

꽃의 지름은
약 4밀리미터다.

꽃잎과 수술은
각 5개씩이다.

잎에는
털이 없다.

잎은 길이 15~20밀리미터,
폭 9~13밀리미터 정도다.

잎은 십자마주난다.

줄기에 발생한
공기뿌리

줄기가 나무처럼
단단해진다.

줄기는 길이가
30~50센티미터까지
자라는 버금떨기나무다.

작은모임꽃차례는
줄기 끝에 달린다.

잎은 통통한
다육질이다.

소미성小美星

[희성 · 미니언성 · 미니 루페스트리]

Crassula 'Tom Thumb'

—

높이 15센티미터 이하로 키가 작게 자란다. 잎은 길이 5~6밀리미터, 폭 6밀리미터 정도의 통통한 다육질이다. 잎에는 진한 적녹색 얼룩점이 있다.

작은모임꽃차례

암술과 수술대는
흰색이다.

꽃잎은
5(~6)개다.

꽃은 가을에
흰색으로 핀다.

꽃의 지름은
약 6밀리미터다.

암술과 수술은
각 5개씩이다.

잎은
십자마주난다.

잎은 길이 5~6밀리미터,
폭 6밀리미터 정도다.

잎은 십자마주 달려서
차곡차곡 탑모양을 이룬다.

강한 햇볕에
잎은 붉은색으로 물든다.

줄기는
곧게 선다.

높이가 15센티미터
이하로 자란다.

작은모임꽃차례의 지름은
약 5센티미터다.

잎에는
회백색 가루가
약간 덮인다.

신동神童

[크라슐라 '스프링 타임' · 크라슐라 '봄날']

Crassula 'Spring time'
—

높이 15센티미터 이하, 줄기 길이 30∼45센티미터 까지 자라서 땅을 덮거나 아래로 늘어진다. 잎은 길이 3센티미터, 폭 2센티미터 정도다. 잎은 십자마주난다. 꽃은 주로 겨울에서 이른 봄에 핀다.

작은모임꽃차례

씨방과 암술대는
붉은색이다.

잎은
십자마주난다.

꽃은
연한 분홍색으로 핀다.

꽃의 지름은
약 1센티미터다.

수술과 암술은
각 5개씩이다.

잎은
십자마주난다.

잎은 길이 3센티미터,
폭 2센티미터 정도다.

잎은 넓은 달걀꼴이며,
잎밑이 줄기를 감싼다貫穿底.

줄기는 가늘고
암자색이다.

줄기 길이가 30~45센티미터까지
자라서 땅을 덮거나 아래로 늘어진다.

높이가 15센티미터
이하로 자란다.

꽃은 줄기 끝에서
작은모임꽃차례를 이룬다.

잎은
십자마주난다.

기천紀川
[크라술라 '문글로우']

Crassula 'Moonglow'
—

두꺼운 잎들이 차곡차곡 쌓여 올라간다. 잎은 달걀꼴이며 3개의 둔한 능선이 있다. 잎은 회록색이며, 잎의 위쪽은 편평하고, 아래쪽은 부풀어 오른다. 꽃은 살구색이지만 강한 태양에서 약간 흰색으로 변한다. C. deceptor v. arta 와 C. falcata 의 교배종이다.

꽃이 진 후

꽃잎은
5개다.

두꺼운 잎들이
차곡차곡 쌓여 올라간다.

꽃의 지름은
6~8밀리미터 정도다.

꽃받침조각은
젖혀지지 않는다

암술과 수술은
각 5개씩이다.

잎은 달걀꼴이며
4줄로 배열된다.

잎가에는
둔한 모서리가 있다.

잎의 길이는
20밀리미터 정도다.

황적색으로
변한 잎

줄기에서
공기뿌리가 나온다.

줄기 길이가
20~30센티미터까지 자란다.

방린약록方鱗若綠

[중형녹탑 · 에리코이데스]

Crassula ericoides
—

줄기 길이가 15~30센티미터 정도 자란다. 가느다란 줄기에서 곁가지가 잘 갈라
진다. 잎은 길이 4밀리미터, 폭 3밀리미터 정도며 탑을 쌓아 놓은 듯 네 줄로 빽
빽하게 배열된다.

꽃은
줄기 위쪽에 달린다.

잎 뒷면

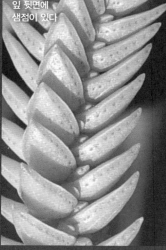

꽃은
줄기 위쪽에
달린다.

잎 뒷면에
샘점이 있다

꽃잎과 수술은
4~5개씩이다.

꽃은 봄~여름에
연한 황록색으로 핀다.

꽃의 지름은
약 2~3밀리미터다.

꽃은
잎겨드랑이에 달린다.

잎끝은
약간 위로 치솟는다.

잎은 길이 4밀리미터,
폭 3밀리미터 정도다.

잎은 4줄로 배열되며,
십자마주 달린다.

잎겨드랑이에
달리는 꽃

줄기에서 곁가지가
잘 갈라진다.

줄기 길이가
15~30센티미터 정도 자란다.

꽃은 줄기 위쪽에
모여서 핀다.

잎은
약간의 흰 가루로 덮인다.

대형녹탑大形綠塔

[부처사원 · 사탑]

Crassula 'Buddha's Temple'

줄기 길이가 15~20센티미터, 잎은 은회색 또는 회록색이며 길이가 2센티미터
정도다. 잎끝은 위를 향하고 안쪽으로 굽는다. 잎은 십자마주나며 촘촘하게 탑을
쌓아 놓은 듯 사각 둥근기둥꼴을 이룬다.

줄기 끝에
모여 핀 꽃

꽃은 약간 붉은빛을
띤 흰색이다.

줄기는 탑을 쌓아 놓은 듯
사각 둥근기둥꼴을 이룬다.

꽃은 붉은빛이 도는
흰색으로 핀다.

꽃의 지름은
약 8밀리미터다.

꽃잎은 보통 4~5개다.

잎은 4줄로 배열되며
탑을 쌓은 듯 보인다.

잎끝은 위를 향하고
안쪽으로 굽는다.

잎은 은회색 또는 회록색이며
길이가 2센티미터 정도다.

포기는 여럿이 모여서
무리 지어 자란다.

줄기에서
곁가지가
잘 나온다.

줄기 길이가
15~20센티미터
정도 자란다.

대형녹탑

원뿔꽃차례는 줄기 끝에 달리며
길이가 2~3센티미터 정도다.

크라술라 카피텔라 틸시플로라

[티르시플로라]

Crassula capitella ssp. thyrsiflora

—

줄기 길이 10센티미터 이하로 자라서 땅을 덮고 자라는 식물이다. 잎은 길이 10
밀리미터, 폭 6밀리미터 정도며 십자마주난다.

잎은 줄기에
많이 달린다.

원뿔꽃차례

꽃은
늦여름에서 초가을에 핀다.

잎은
십자마주 난다.

꽃은
흰색으로 핀다.

꽃의 지름은
약 3밀리미터다.

꽃잎과 수술은
5~6개씩다.

잎끝은
약간 아래쪽으로 휜다.

잎은 길이 10밀리미터,
폭 6밀리미터 정도다.

잎은 십자마주나며
4줄로 배열된다.

잎은 강한 햇볕에
붉은색으로 변한다.

잎은 빽빽하게
탑을 쌓은 듯이
배열된다.

줄기 길이가
10센티미터 이하다.

크라술라 카피텔라 틸시플로라

작은모임꽃차례는
줄기 끝에 달린다.

잎은 달걀 같은
길둥근꼴이다.

염자艶姿

[오바타크라술라 · 크라술라 오바타 · 화월]

Crassula ovata
—

높이가 1.2~1.8미터 정도 자란다. 줄기는 굵고 곁가지가 많이 갈라진다. 잎은 길이 4~5센티미터, 폭 3센티미터 정도며, 두껍고 잎 양면이 볼록하다. 잎끝은 둥글고 가장자리는 붉은색이 난다.

꽃은
겨울에 핀다.

암술은
붉은 빛이 돈다.

꽃받침

꽃은
흰색으로 핀다.

꽃의 지름은
2센티미터 정도다.

수술과 암술은
각 5개씩이다.

잎은
두꺼운 다육질이다.

잎끝은 둥글고
가장자리는 붉은색이다.

잎은 길이 4~5센티미터,
폭 3센티미터 정도다.

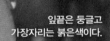

작은모임꽃차례

줄기는 굵고
곁가지가 많이 갈라진다.

높이 1.2~1.8미터
정도 자라는 떨기나무다.

작은모임꽃차례는
줄기 끝에 달린다.

우주목宇宙木

[통엽화월筒葉花月]

Crassula ovata 'Gollum'

[Gollum Jade · Finger Jade]

—

높이 30~45센티미터, 포기 지름 45~60센티미터 정도 자란다. 잎이 슈렉의 귀 모양으로 생겼다고 하여 우주목이라 한다. 잎은 트럼펫처럼 통 모양이다. 잎끝은 흔히 붉은색으로 물든다.

잎가는
붉은색으로 물든다.

씨방에 분홍색
줄무늬가 있다.

꽃은
줄기 끝에 달린다.

암술대

수술대

꽃은
흰색으로 핀다.

꽃의 지름은
약 2센티미터다.

암술과 수술은
각 4~5개씩이다.

잎이 슈렉의 귀 모양으로 생겼다고 하여
우주목이라 한다.

잎은 트럼펫처럼
통 모양이다.

잎끝은 둥근 기둥을
비스듬히 잘라놓은 듯한 모습이다.

잎 길이는
3~5센티미터 정도다.

높이가 30~45센티미터
정도 자라는 떨기나무다.

줄기는 굵고
곁가지가 많이 갈라진다.

작은모임꽃차례는
줄기 끝에 달린다.

잎 뒷면

염자 '훔멜스 레드'

Crassula ovata 'Hummel's Red'

—

높이가 60~90센티미터 정도 자란다. 잎은 길이 35밀리미터, 폭 2센티미터 정도다. 꽃은 연한 핑크빛이 도는 흰색으로 핀다. 꽃지름이 14밀리미터 정도다.

암술과 수술

작은모임꽃차례

씨방

꽃잎과 암술은
각 4～7개씩이다.

수술
암술

꽃의 지름은
14밀리미터 정도다.

잎은 길이 35밀리미터,
폭 2센티미터 정도로 작은 편이다.

잎 가장자리는
붉은색이다.

잎은
길둥근꼴이다.

잎 크기 비교

C. ovata

C. ovata
'Hummel's
Red'

줄기는 굵고
곁가지가 많이 갈라진다.

마디

높이가 60～90센티미터
정도 자라는 떨기나무다.

염자 '훔멜스 레드'

작은모임꽃차례는
줄기 끝에 달린다.

장경경천長莖景天

[사리 황복륜 · 사르멘토사]

Crassula sarmentosa

—

줄기는 누워서 옆으로 퍼진다. 줄기의 길이는 80~120센티미터 정도 자란다. 잎은 길이 20~50밀리미터, 폭 15~30밀리미터 정도며 잎가에는 규칙적인 톱니가 있다.

잎 양면에는
털이 없다.

작은모임꽃차례

수술은 암술보다 짧다.

암술

수술

꽃받침의 길이는
1~3밀리미터
정도다.

꽃의 지름은
약 4~8밀리미터다.

꽃잎은
길게 뾰족하다.

꽃은
흰색으로
핀다.

잎은 길이 20~50밀리미터,
폭 15~30밀리미터 정도다.

잎은
십자마주난다.

잎은 달걀꼴이며
육질이다.

잎가에
규칙적인 톱니가 있다.

줄기에
얼룩무늬가 있다.

줄기 길이가
80~120센티미터 정도
자라는 덩굴성 버금떨기나무다.

작은모임꽃차례는
줄기 끝에 달린다.

장경경천금長莖景天錦
Crassula sarmentosa 'Variegata'
—
장경경천*C. sarmentosa*에 비해 잎가에 노란색 무늬가 있다.

잎가에
노란색 무늬가 있다.

작은모임꽃차례

수술은
암술보다 짧다.

수술

잎에
노란색 무늬

꽃의 지름은
4~8밀리미터 정도다.

꽃은
흰색으로 핀다.

꽃잎은 길고
뾰족하다.

잎은
십자마주난다.

잎은 길이 20~50밀리미터,
폭 15~30밀리미터 정도다.

잎은
달걀꼴의
육질이다.

잎가에
규칙적인 톱니가 있다.

줄기에
얼룩무늬가 있다.

줄기 길이가
80~120센티미터 정도 자라는
덩굴성 버금떨기나무다.

원뿔꽃차례는
줄기 끝에 달린다.

잎은
십자마주난다.

명호鳴戸

[크라슐라 물티카바 · 요정 크라슐라 · 명문鳴門 · 기송磯松]

Crassula multicava

[Fairy Crassula]

—

높이 15~30센티미터, 줄기 길이 38~45센티미터 정도 비스듬히 옆으로 퍼진다.
잎은 길이 20~50밀리미터, 폭 15~40 밀리미터 정도다. 꽃은 연분홍색으로 늦
겨울에서 봄에 핀다. 꽃잎은 네 개이며 십자 모양의 꽃이 원뿔꽃차례를 이룬다.
꽃의 지름은 1센티미터 정도다.

암술은 네 개

꽃받침

수술

꽃잎

꽃대는
줄기 끝에 달린다.

꽃대

꽃은 연분홍색으로
늦가을에서 봄에 핀다.

꽃의 지름은
1센티미터 정도다.

꽃잎과 수술은
각 네 개씩이다.

잎끝은
둥글다.

잎은 길이 20~50밀리미터,
폭 15~40밀리미터 정도다.

잎은 길둥근꼴이며
다육질이다.

줄기는 비스듬히
옆으로 퍼진다.

줄기에서
곁가지가 갈라진다.

줄기 길이가
38~45센티미터 정도 자란다.

꽃은
줄기 끝에 달린다.

취사양醉斜陽

[워터메리]

Crassula atropurpurea var. watermeyeri
—

높이 5~10센티미터, 잎은 길이가 10~14밀리미터 정도며, 잎 양면에 미세한 털이 있다. 홍치아(*C. pubescens ssp. radicans*)와 비슷하지만 꽃잎이 뒤로 젖혀져 둥글게 말리는 특징이 있다.

잎 양면에는
미세한 털이 있다.

꽃은
줄기 끝에
달린다.

꽃잎은 뒤로 젖혀져
둥글게 말린다.

꽃대에
털이 있다.

꽃은
작은모임꽃차례에 달린다.

꽃은 흰색이며
꽃잎이 있다.

암술과 수술은
각 5개씩이다.

잎은
십자마주난다.

잎은
길이 10~14밀리미터
정도다.

잎끝과 잎밑은 뾰족하며,
잎끝은 위로 치솟는다.

붉게 물든 잎

포기는 여럿이 모여서
무리 지어 자란다.

높이가 5~10센티미터 정도
자라는 버금떨기나무다.

머리꽃차례는
줄기 끝에 달린다.

홍치아紅稚兒

[크라슐라 푸베센스 라디칸스 · 라디칸스]

Crassula pubescens radicans

—

높이 5~10센티미터, 잎은 길이가 10~14밀리미터 정도다. 작은 흰색 꽃은 활짝
피지 않는다. 홍세(*C. cultrata*)와 달리 잎에 털이 없다.

잎에는 털이 없다.

머리꽃차례頭狀花序

꽃은 향기가 없으며
늦겨울에서 이른 봄에 핀다.

잎은 토실토실한
긴 거꿀달걀꼴이며
밝은 녹색이다.

꽃은
활짝 피지 않는다.

꽃은 흰색으로 핀다.

꽃받침은 녹색이다.

강한 햇살에서
잎은 붉은색으로 변한다.

잎의 길이는
10~14밀리미터 정도다.

잎끝과 잎밑은 뾰족하며,
잎끝은 위로 치솟는다.

강한 햇살에
붉어진 잎

포기는 여럿이 모여서
무리 지어 자란다.

높이가 5~10센티미터 정도
자라는 버금떨기나무다.

꽃은 늦겨울에서
이른 봄에 핀다.

몽춘夢椿
[크라슐라 푸베센스 라트라이 · 라트라이]

Crassula pubescens ssp. rattrayi

[Bear Paw Jade]

—

많은 잎이 모여서 빽빽하게 무리 지어 자란다. 높이 5~10센티미터, 잎은 길고
통통한 주걱 모양이며 길이가 3~5센티미터 정도다. 꽃은 향기가 없으며 늦겨울
에서 이른 봄에 핀다.

잎은
흑적색이다.

꽃대는
줄기 끝에
달린다.

꽃봉오리

잎은 길고 통통한
주걱 모양이다.

머리꽃차례가 모여
우산꽃차례繖形花序를 이룬다.

꽃은
흰색으로 핀다.

꽃받침은
연한 초록색이다.

잎 양면에는
털이 많다.

잎의 길이는
3~5센티미터 정도다.

잎은 주걱형이며,
털이 많다.

잎은
흑적색이다.

많은 잎이 모여서
빽빽하게 무리 지어 자란다.

높이가 5~10센티미터 정도
자란다.

300
돌나물과

원뿔꽃차례의 길이는 20센티미터 정도다.

잎에는 털이 없다.

크라술라 클라바타

[클라바타]

Crassula clavata

—

높이 5~10센티미터. 잎은 겨울에 초록색이다가 봄~가을에는 적자색으로 변한다. 작은 흰색~미백색 꽃은 활짝 피지 않는다.

원뿔꽃차례를 이룬다.

잎은 겨울에 초록색이다가 봄~가을에는 적자색으로 변한다.

잎은 거꿀바소꼴~거꿀달걀꼴이다.

머리꽃차례가 모여
원뿔꽃차례를 이룬다.

꽃은
흰색~미백색으로 핀다.

꽃은 활짝
피지 않는다.

다육질의 잎은 털이 없고
잎끝은 위로 치솟는다.

잎은 겨울에 초록색이다가
봄~가을에는 적자색으로 변한다.

잎은 길이 2~4(~6)센티미터,
폭 5~13밀리미터 정도다.

5월,
꽃 피는 모습

많은 잎이 모여서 빽빽하게
무리 지어 자란다.

높이가 5~10센티미터 정도
자란다.

작은모임꽃차례의 길이는
15~20센티미터 정도다.

크라술라 세리케아 벨루티나

[벨루티나]

Crassula sericea var. velutina
—

줄기는 길이가 30센티미터 정도 자란다. 잎은 길이 20~25밀리미터, 폭 25밀리미터 정도다. 잎은 회청록색이며 잎 양면에 벨벳 같이 부드러운 털이 많다. 꽃차례의 길이는 15~20센티미터 정도다.

잎 양면에는 벨벳 같이
부드러운 털이 많다.

머리꽃차례가 모여
작은모임꽃차례를 이룬다.

머리꽃차례

두껍고
통통한 잎

머리꽃차례가 모여
작은모임꽃차례를 이룬다.

꽃은
활짝 피지 않는다.

꽃봉오리

잎은
두터운 다육질이다.

잎은 길이 20~25밀리미터,
폭 25밀리미터 정도다.

잎은 통통한 다육질이고
털이 많다.

잎에는
털이 많다.

잎겨드랑이에서
꽃자루가 올라온다.

줄기의 길이가
30센티미터 정도 자라, 길게
옆으로 퍼지거나 아래로 늘어진다.

크라술라 세리케아 벨루티나

원뿔꽃차례의 길이는
30센티미터 정도다.

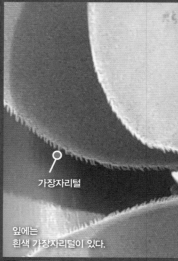

가장자리털

잎에는
흰색 가장자리털이 있다.

원도圓刀

Crassula cotyledonis

—

높이 15센티미터, 포기 지름 15~22센티미터 정도 자란다. 잎은 길이 7센티미터, 폭 4센티미터 정도다. 잎은 거꿀달걀꼴이고 회청록색이다. 잎에는 흰색 가장자리털이 있다.

잎은
회청록색이다.

머리꽃차례가 모여
원뿔꽃차례를 이룬다.

머리꽃차례

머리꽃차례가 모여
원뿔꽃차례를 이룬다.

꽃은 초여름에
흰색으로 핀다.

꽃받침은 녹색이며
털이 많다.

잎은 길이 7센티미터,
폭 4센티미터 정도다.

잎은 거꿀달걀꼴倒卵形이며
회청록색이다.

주름

잎가에
돌기 같은 주름이
생기기도 한다.

잎은
거꿀달걀꼴이다.

많은 잎이 모여서
빽빽하게 무리 지어 자란다.

약 15센티미터
높이로 자란다.

꽃은 늦은 여름에
유백색으로 핀다.

잎에는
길이 1밀리미터 정도의
억센 털이 촘촘하다.

은전銀箭

Crassula mesembryanthemoides
—

높이가 40센티미터 정도 자란다. 줄기는 곧게 서며 곁가지가 많이 갈라진다. 잎은 길이 25밀리미터, 폭 2~3밀리미터 정도다. 잎 표면은 판판하고 뒷면은 통통하다. 잎에는 길이 1밀리미터 정도의 억센 털이 촘촘하다.

꽃대에
털이 많다.

꽃은 유백색으로 핀다.

잎에는
털이 많다.

꽃잎은
활짝 펼쳐지지 않는다.

꽃의 길이는
2밀리미터 정도다.

꽃잎

꽃받침

잎은 밝은
초록색이다.

잎은 길이 25밀리미터,
폭 2~3밀리미터 정도다.

잎은
십자마주난다.

마디사이

약 40센티미터 높이까지
자라는 버금떨기나무다.

마디사이節間 길이는
3~5밀리미터 정도다.

줄기는 곧게 서며
곁가지가 많이 갈라진다.

꽃차례는 줄기 끝에 달리며
길이가 2센티미터 정도다.

크라술라 프루이노사

[미니은월 · 백송 · 보락사普諾莎 · 프루이노사]

Crassula pruinosa

[Skurwemannetjie]

—

높이가 15~20센티미터까지 자란다. 잎은 뾰족하고 통통한 달걀꼴이며, 길이가
6밀리미터 정도다. 꽃차례는 줄기 끝에 달리며 길이가 2센티미터 정도다.

잎은
흰 가루로 덮인다.

꽃대는
줄기 끝에 달린다.

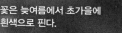

꽃은 늦여름에서 초가을에
흰색으로 핀다.

잎은 통통하며
끝이 뾰족하다.

작은모임꽃차례에
2~5개의 흰색 꽃이 달린다.

꽃의 길이는
5밀리미터 정도다.

암술과 수술은
각 5개씩이다.

잎은
십자마주난다.

잎의 길이는
6밀리미터 정도다.

잎은 뾰족하고
통통한 달걀꼴이다.

많은 가지가
갈라진다.

줄기는
적갈색이다.

높이가 15~20센티미터 정도
자라는 버금떨기나무다.

작은모임꽃차례의 지름은
12~15센티미터 정도다.

잎은
회록색이다.

신도神刀

Crassula falcata

[Propeller Plant · Scarlet Paint Brush]

—

높이가 30~45센티미터 정도 자란다. 잎은 길이 10~12센티미터, 폭 2~3센티미터 정도다. 잎은 회록색이며 프로펠러나 낫 모양으로 약간 굽어서 흰다. 작은 꽃이 모여 작은모임꽃차례를 이룬다. 꽃의 지름은 7밀리미터 정도며 5수성이다.

암술과 수술

작은모임꽃차례

꽃받침, 꽃잎, 수술, 암술이
각 5개씩이다.

꽃은 7~8월에
밝은 붉은색으로 핀다.

꽃의 지름은 7밀리미터 정도며
꽃밥은 노란색이다.

꽃자루에
털이 있다.

잎은
마주 달린다.

잎은 길이 10~12센티미터,
폭 2~3센티미터 정도다.

잎은 프로펠러나
낫 모양으로
약간 굽어서 휜다.

잎은
회록색이다.

마주 달리는 잎

약 30~45센티미터
높이로 자란다.

술모양꽃차례의 길이는
15～20센티미터 정도다.

잎에는
샘점이 있다.

화제火祭

[에로술라 캠프화이어]

Crassula erosula 'Campfire'

—

높이 15～30센티미터, 너비 38～45센티미터 정도 옆으로 비스듬히 자란다.
잎과 줄기는 다육질이며, 잎은 십자마주난다. 잎은 길이 5～10센티미터, 폭
1.5～2.5센티미터 정도며, 잎에는 가장자리털이 있다.

꽃이 진 후의
모습

잎에는 털이 없지만,
잎가에 가장자리털이 있다.

꽃봉오리

암술, 수술, 꽃잎은
각 5개씩이다.

꽃의 지름은
약 4밀리미터다.

꽃잎

꽃잎 끝은
돌기처럼
뾰족하다.

잎은
십자마주난다.

잎은 길이 5~10센티미터,
폭 1.5~2.5센티미터 정도다.

잎과 줄기는
다육질이다.

꽃은
흰색으로 핀다.

줄기에
털이 없다.

높이 15~30센티미터,
너비 38~45센티미터 정도
옆으로 비스듬히 자란다.

꽃은 줄기 위쪽
잎겨드랑이에 달린다.

잎은
두터운 다육질이다.

백로白鷺

[백묘 · 크라술라 델토이데아]

Crassula deltoidea

[Silver Beads · Gruisplakkie]

―

높이 12센티미터 정도 자란다. 잎은 십자마주나며 흰 가루로 덮인 은회색이다.
잎은 길이 10~15(~20)밀리미터, 폭 10(~15)밀리미터 정도다. 꽃은 흰색의 단지
모양이며 지름이 5밀리미터 정도로 작은 꽃이 핀다.

짧은 꽃자루가 있다.

꽃은
잎겨드랑이에
달린다.

잎은 흰 가루로 덮인
은회색이다.

꽃은
흰색으로 핀다.

꽃의 지름은
5밀리미터 정도로 작다.

암술과 수술은
각 5개씩이다.

잎은 길이 10〜15(〜20)밀리미터,
폭 10(〜15)밀리미터 정도다.

잎은 십자마주난다.

잎끝은 뾰족한 달걀꼴이며,
잎에는 샘점이 많다.

포기는 모여서
무리 지어 자란다.

잎은 탑을 쌓은 듯
층층이 달린다.

약 12센티미터
높이로 자란다.

백로

꽃대는 잎겨드랑이에 달리며
길이가 2센티미터 정도다.

잎에
흰색 돌기가 있다.

정령두精靈豆

[엘레강스 · 크라술라 엘레간스]

Crassula elegans

—

높이 10센티미터 이하로 키가 작게 자란다. 잎은 탑을 쌓은 듯 층층이 십자마주
난다. 잎은 길이 15밀리미터, 폭 10밀리미터 정도다. 잎에는 흰색 돌기가 있으며
초콜릿 향기가 있다.

꽃은
흰색으로 핀다.

강한 햇볕에서
잎은 붉게 물든다.

작은모임꽃차례

수술은
5개다.

꽃의 지름은
3밀리미터 정도다.

꽃은
흰색으로 핀다.

잎은 길이 15밀리미터,
폭 10밀리미터 정도다.

잎은 도톰한
달걀꼴이다.

잎은 층층이
십자마주난다.

높이 10센티미터
이하로 자란다.

잎에는
초콜릿 향기가 있다.

포기는 모여서
무리 지어 자란다.

정령두

꽃은 늦겨울에서
이른 봄에 핀다.

우심雨心

[크라술라 볼켄시 · 볼켄시]

Crassula volkensii

—

높이 15~30센티미터, 줄기 길이 15~30센티미터 정도 자란다. 잎은 길둥근꼴의 다육질이며 길이 15밀리미터, 폭 8밀리미터 정도다. 잎 가장자리에 줄무늬가 있고, 잎 표면에 적갈색 얼룩점이 있다.

잎 뒷면에는
얼룩점이 없다.

짧은 꽃자루가 있다.

꽃이 진 후의 모습

씨방은
5실이다.

꽃은
흰색으로 핀다.

꽃의 지름은
약 6밀리미터다.

암술과 수술은
각 5개씩이다.

포기 지름이
약 3센티미터다.

잎은 두툼한
다육질이다.

잎은 길이 15밀리미터,
폭 8밀리미터 정도다.

잎 가장자리에 줄무늬가 있고,
잎 표면에 적갈색 얼룩점이 있다.

새잎 가장자리에는
줄무늬가 없다.

약 15~30센티미터
높이까지 자란다.

가을에 흰색의 꽃이
몇 송이씩 모여 핀다.

잎에는
털이 촘촘하다.

크라술라 브라우니아나

[브라우니아나]

Crassula browniana

—

줄기 길이가 15~25센티미터 정도 자란다. 줄기는 납작 엎드려 땅을 덮으며 자라는 식물이다. 잎은 마주 달리며 둥근꼴이다. 잎에는 털이 많다.

꽃봉오리

꽃은
흰색으로 핀다.

잎은 통통한
다육질이다.

꽃은 줄기 위쪽
잎겨드랑이에 달린다.

꽃의 지름은
약 6밀리미터다.

암술과 수술은
5개씩이다.

암술

수술

잎은
둥근꼴이다.

잎은 길이 10밀리미터,
폭 5밀리미터 정도다.

잎은
마주 달린다.

줄기는 납작 엎드려 땅을 덮고
자라는 식물이다.

줄기에
털이 많다.

줄기 길이가
15~25센티미터 정도 자란다.

꽃차례의 높이는
4~5센티미터 정도다.

화성토자火星兎子

[티타놉시스]

Crassula ausensis ssp. titanopsis

—

높이가 10센티미터 이하로 자라며, 땅을 덮는다. 잎은 길이 10~15(~20)밀리미
터, 폭 7~13밀리미터, 두께 3~5(~7)밀리미터 정도다. 잎은 달걀꼴 또는 거꿀달
걀꼴이며, 잎에는 물집水泡 모양의 돌기가 있다.

잎은 두께가
3~5(~7)밀리미터 정도다.

꽃잎 끝은
약간 젖혀진다.

꽃받침에
털이 많다.

작은모임꽃차례

꽃은
흰색으로 핀다.

꽃의 지름은
약 4밀리미터다.

꽃잎과 수술은 각 5개씩이다.

잎에는
물집 모양의 돌기가 있다.

잎은 길이 10~15(~20)밀리미터,
폭 7~13밀리미터 정도다.

잎은 달걀꼴
또는 거꿀달걀꼴이다.

약 10센티미터 높이로 자라며,
땅을 덮는 식물이다.

물집 모양의
돌기

포기는 모여서
무리 지어 자란다.

꽃대는 길이가
4센티미터 정도다.

잎 뒷면

화춘花椿

[다비드]

Crassula 'David'

—

높이 10센티미터 이하, 줄기 길이 5~10센티미터 정도 자란다. 줄기는 납작 엎드
려 땅을 덮고 자라거나 아래로 드리워진다. 잎은 길이 1센티미터, 폭 7밀리미터
정도로 납작하고 통통하며, 다닥다닥 붙어있다. 햇볕의 양이 충분하면 잎은 붉게
물든다.

꽃은
흰색으로 핀다.

흰색 가장자리털

줄기는 납작 엎드려 기면서
땅을 덮는다.

꽃은 초여름에
흰색으로 핀다.

꽃의 지름은
약 4밀리미터다.

꽃잎과 수술은
5개씩이다.

잎은 길이 1센티미터,
폭 7밀리미터 정도다.

잎가에
흰색 가장자리털이 있다.

잎은 납작하고
통통하다.

줄기는 아래로
드리워진다.

줄기는 털이 있고
갈색이다.

높이가 10센티미터
이하로 자란다.

화춘

꽃차례의 길이는
약 5센티미터다.

성망星茫

[여작麗雀 · 유스투스]

Crassula justus 'Corderoy'
—
높이가 10센티미터 이하로 자란다. 잎은 길이 2센티미터, 폭 5밀리미터 정도다.
잎은 연한 초록색이며 암록색 얼룩점이 있다. 을희c. exilis v. cooperi에 비해 잎 양
면에 흰색 털이 많다.

잎 양면에는
흰색 털이 많다.

꽃은 줄기 끝에
작은모임꽃차례를 이룬다.

꽃은
붉은색으로 핀다.

포기는 모여서
무리 지어 자란다.

꽃은 여름에
붉은색으로 핀다.

꽃의 지름은
6밀리미터 정도다.

암술과 수술은
각 5개씩이다.

잎에는
암록색 얼룩점이 있다.

잎은 길이 2센티미터,
폭 5밀리미터 정도다.

잎은 십자마주달리며
잎끝은 길게 뾰족하다.

잎은
십자마주난다.

잎은
촘촘히 달린다.

높이가 10센티미터
이하로 자란다.

꽃차례의 길이는
약 5센티미터다.

잎 뒷면에
얼룩점이 없다.

을희乙姬

[쿠페리 · 엑실리스]

Crassula exilis var. cooperi

—

높이가 10센티미터 이하로 자란다. 잎은 길이 12밀리미터, 폭 4~7밀리미터 정도
다. 잎 표면에는 녹적색 얼룩점이 있다. 잎가에 흰색 가장자리털이 있다.

꽃은 줄기 끝에 달린다.

꽃은
분홍색으로 핀다.

꽃잎, 암술, 수술은
각 5개씩이다.

꽃은 여름에
분홍색으로 핀다.

꽃의 지름은
약 6밀리미터다.

암술과 수술은
각 5개씩이다.

잎가에
흰색 가장자리털이 있다.

잎은 길이 12밀리미터,
폭 4~7밀리미터 정도다.

잎은
십자마주난다.

강한 햇볕에 잎은
분홍색으로 물든다.

줄기에
털이 많다.

높이가 10센티미터
이하로 자란다.

을희

꽃은
늦여름에 핀다.

잎가에
가장자리털이 있다.

잎에는
흑적색 얼룩점이 있다.

화잠花簪

[픽투라타 · 피츄라]

Crassula exilis subsp. picturata

—

높이가 10센티미터 이하로 자란다. 잎은 길이 15밀리미터, 폭 9밀리미터 정도다.
잎 표면은 초록색이며 흑적색 얼룩점이 있다. 잎가에 현색 가장자리털이 있다.

꽃차례의 길이는
약 5센티미터다.

꽃은
늦여름에 핀다.

꽃은
흰색으로 핀다.

꽃의 지름은
약 6밀리미터다.

암술과 수술은
각 5개씩이다.

잎은
뾰족한 달걀꼴이다.

잎은 길이 15밀리미터,
폭 9밀리미터 정도다.

잎은
십자마주난다.

강한 햇볕에 잎은
검은 자주색으로 물든다.

높이가 10센티미터
이하로 자란다.

포기는 모여서
무리 지어 자란다.

꽃은 분홍색으로
늦여름에 핀다.

잎은
십자마주난다.

축우근筑羽根

[소미성小美星]

Crassula schmidtii

—

높이 최대 20센티미터까지 자란다. 잎은 십자마주난다. 잎은 길이 35밀리미터,
폭 10밀리미터 정도다. 잎은 적록색이며 암적록색 얼룩점이 있다.

꽃은
분홍색으로 핀다.

꽃잎이 4개인
꽃도 있다.

꽃봉오리

꽃의 지름은
약 4밀리미터다.

암술과 수술은
각 5개씩이다.

작은모임꽃차례

잎가에는
흰색 가장자리털이 있다.

잎은 길이 35밀리미터,
폭 10밀리미터 정도다.

잎끝은 길게 뾰족하며
잎에는 암적록색 얼룩점이 있다.

가장자리털

얼룩점

포기는 모여서
무리 지어 자란다.

높이가
최대 20센티미터까지 자란다.

축우근

원뿔꽃차례는
줄기 끝에 달린다.

잎 양면에는
연한 털이 촘촘하다.

선녀무仙女舞

Kalanchoe beharensis

[Elephant's Ear Kalanchoe]

—

높이 3미터 정도 자란다. 잎은 삼각형이며 길이 30~40센티미터, 폭 7~35센티미터 정도로 큰 편이다. 잎자루는 길고 잎가에 얕은 결각상 톱니가 있다. 잎이 코끼리 귀처럼 크고 넓다고 하여 Elephant's Ear Kalanchoe 라고 불리기도 한다.

얕은
결각상 톱니

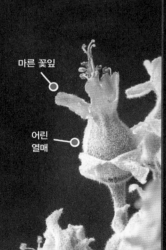

마른 꽃잎

어린
열매

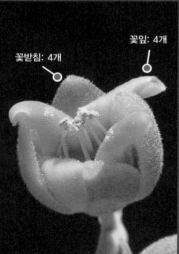

꽃받침: 4개

꽃잎: 4개

잎자루가
길다.

수술

꽃밥은
적자색

꽃잎

암술대

씨방

꽃받침조각

꽃은 봄~여름에
연한 녹색으로 핀다.

잎은 삼각형이며
길이 30~40센티미터,
폭 7~35센티미터 정도다.

잎은
마주 달린다.

잎은 벨벳처럼
감촉이 부드럽다.

어린 가지에
연한 털이 많다.

잎자국은
3개의 가시로
변한다.

잎자국

가시

높이가 3미터 정도
자라는 늘푸른떨기나무다.

선녀무

원뿔꽃차례는
줄기 위쪽에 달린다.

잎 양면에 벨벳같이
부드러운 회색 털이 많다.

장미엽선녀무薔微葉仙女舞

[로즈리프]

Kalanchoe beharensis 'Rose Leaf'

—

높이가 60~90센티미터 정도 자란다. 잎은 길이 7~10센티미터, 폭 7.6센티미터
정도다. 잎에는 얕은 결각이 있고, 치아상의 톱니가 있다. 선녀무*K. behalensis*에
비해 키와 잎의 크기가 작고 줄기에서 곁가지가 잘 갈라진다.

꽃잎은
뒤로 젖혀진다.

꽃은
5월에 핀다.

꽃이 진 후의 모습

꽃은
미백색으로 핀다.

꽃잎은
뒤로 젖혀진다.

수술은 8개,
암술은 4개다.

잎에는 얕은 결각이 있고,
치아상의 톱니가 있다.

잎은 길이 7~10센티미터,
폭 7.6센티미터 정도다.

잎은
십자마주난다.

줄기에
회색 털이 많다.

줄기는 곧게 서며
곁가지가 잘 갈라진다.

약 60~90센티미터
높이로 자라는 늘푸른떨기나무다.

장미엽선녀무

꽃은 줄기 끝에
달린다.

천토아千兎兒

[밀로티 · 칼랑코에 밀로티]

Kalanchoe millotii

[Millot Kalanchoe]

—

높이가 30~45센티미터 정도 자란다. 잎은 둥근꼴에 가깝고 길이 6센티미터,
폭 5센티미터 정도며 서리를 맞은 듯한 연한 녹색이다. 장미엽선녀무*K. behalensis*
'Rose Leaf'와 비슷하지만 잎에는 거치가 없고 톱니만 있으며 키가 작고 잎도
작다.

잎 양면에는
흰색 솜털이 많다.

꽃대에
털이 많다.

꽃잎 가장자리에 털

꽃대잎이 있다.

꽃은
흰색으로 핀다.

꽃잎은
4개다.

수술은 8개,
암술은 4개다.

잎가에
톱니가 있다.

잎은 길이 6센티미터,
폭 5센티미터 정도다.

잎은
십자마주난다.

잎은
둥근꼴에 가깝다.

포기는 모여서
무리 지어 자란다.

약 30~45센티미터
높이로 자라는 늘푸른떨기나무다.

늦은 겨울에
붉은색의 통꽃이 핀다.

어린잎에
털이 있다.

칼랑코에 '테사'

Kalanchoe 'Tessa'

—

높이가 30~45센티미터 정도 자란다. 잎은 길이가 2~3센티미터 정도다. 잎은
다육질이며 십자마주난다. 잎가에 둔한 톱니가 있다.

꽃은 아래로 처진다.

암술머리는
흰색이다.

꽃봉오리

꽃부리 갈래조각은
네 개다.

꽃부리의 길이는
약 25밀리미터다.

수술은 8개, 암술은 4개다.

잎가에 둔한
톱니가 있다.

잎은 길이가
2~3센티미터 정도다.

잎은
십자마주난다.

꽃자루에
털이 있다.

어린 가지에
샘털이 있다.

약 30~45센티미터
높이로 자라는 버금떨기나무다.

꽃대는
줄기 위쪽에 달린다.

잎 양면에는
털이 없다.

칼랑코에 '펄벨'

Kalanchoe 'Pearl Bells'

—

높이가 15~30센티미터 정도 자란다. 잎은 다육질이며 길이 12센티미터, 폭 3센티미터 정도다. 꽃부리는 길이가 2센티미터 정도며 단지 모양의 통꽃이다. 꽃은 자줏빛이 도는 붉은색이며, 꽃부리 안쪽은 연한 노란색이다.

꽃은 아래를
향해 핀다.

꽃은 단지 모양의
통꽃合瓣花이다.

꽃봉오리

꽃은 자줏빛이 도는
붉은색으로 핀다.

꽃받침

꽃부리의 길이는
2센티미터 정도다.

수술은 8개,
암술은 4개다.

잎은
거꿀바소꼴이다.

잎은 길이 12센티미터,
폭 3센티미터 정도다.

잎은 마주 달리고
다육질이다.

줄기는 자주색이며
털이 없다.

잎가에는
무딘 톱니가 있다.

약 15~30센티미터
높이로 자란다.

칼랑코에 '펄벨'

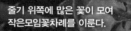

줄기 위쪽에 많은 꽃이 모여
작은모임꽃차례를 이룬다.

칼랑코에 '스노우돈'

Kalanchoe blossfeldiana 'Snowdon'

꽃은 흰색으로 핀다.

잎 양면에는
털이 없다.

꽃의 길이는
약 14밀리미터다.

작은모임꽃차례

잎가에 둔한
톱니가 있다.

꽃에는
향기가 없다.

꽃의 지름은
약 18밀리미터다.

암술은 4개다.

잎은 광택이 있는
밝은 초록색이다.

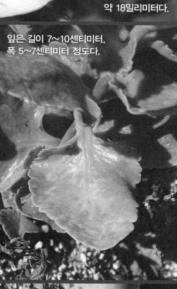

잎은 길이 7~10센티미터,
폭 5~7센티미터 정도다.

잎은 마주 달리고
달걀 같은 길둥근꼴이다.

꽃은
흰색으로 핀다.

어린 가지에
털이 없다.

높이 17센티미터 정도 자라는
버금떨기나무다.

칼랑코에 '스노우돈'

줄기 위쪽에 많은 꽃이 모여
작은모임꽃차례를 이룬다.

잎 양면에는
털이 없다.

칼랑코에 '골드스트라이크'
Kalanchoe blossfeldiana 'Goldstrike'
—
꽃은 진한 노란색이다.

꽃의 길이는
16밀리미터 정도다.

암술

꽃받침

잎가에 둔한
톱니가 있다.

꽃의 지름은
약 18밀리미터다.

꽃에는
향기가 있다.

암술은
4개다.

잎 표면은
오목하다.

잎은 길이 7~10센티미터,
폭 5~6센티미터 정도다.

잎은 마주 달리고
다육질의 달걀 같은 길둥근꼴이다.

높이 25센티미터 정도 자라는
버금떨기나무다.

줄기 위쪽에
많은 꽃이 모여 핀다.

어린 가지에
털이 없다.

칼랑코에 '골드스트라이크'

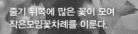

줄기 위쪽에 많은 꽃이 모여
작은모임꽃차례를 이룬다.

잎 양면에는
털이 없다.

칼랑코에 '선샤인'
Kalanchoe blossfeldiana **'Sunshine'**
—
꽃은 노란색이며 겹꽃이다.

꽃은
겹꽃으로 핀다.

잎가에 둔한
톱니가 있다.

꽃의 길이는
16밀리미터 정도다.

꽃의 지름은
약 18밀리미터다.

꽃은 노란색이며
겹꽃이다.

수술은
거의 없다.

잎 표면은
약간 오목하다.

잎은 길이 7～10센티미터,
폭 5～6센티미터 정도다.

잎은 마주 달리고
다육질의 달걀 같은 길둥근꼴이다.

줄기 위쪽에
많은 꽃이 모여 핀다.

어린 가지에
털이 없다.

높이 25～30센티미터 정도
자라는 버금떨기나무다.

줄기 위쪽에 많은 꽃이 모여
작은모임꽃차례를 이룬다.

칼랑코에 '카딜락 핑크'
Kalanchoe blossfeldiana 'Cadillac Pink'
—
꽃은 분홍색 겹꽃으로 핀다.

잎 양면에는
털이 없다.

꽃의 길이는
14밀리미터 정도다.

꽃은 연한 분홍색
겹꽃이다.

잎가에 둔한
톱니가 있다.

꽃에는
향기가 없다.

꽃의 지름은
18밀리미터 정도다.

수술은 대부분 속
꽃잎으로 변한다.

잎 표면은
오목하다.

잎은 마주 달리고
다육질의 달걀 같은 길둥근꼴이다.

잎은 길이 7~10센티미터,
폭 5~7센티미터 정도다.

줄기 위쪽에
많은 꽃이 모여 핀다.

어린 가지에
털이 없다.

높이 17센티미터 정도 자라는
버금떨기나무다.

줄기 위쪽에 많은 꽃이 모여
작은모임꽃차례를 이룬다.

칼랑코에 '크로노'
Kalanchoe blossfeldiana 'Krono'
—
꽃은 분홍색으로 핀다.

잎 양면에는
털이 없다.

꽃의 길이는
약 14밀리미터다.

꽃은
분홍색으로 핀다.

잎가에 둔한
톱니가 있다.

수술

암술

꽃에는
향기가 없다.

꽃의 지름은
약 18밀리미터다.

암술은
4개다.

잎은 길이 7~10센티미터,
폭 5~7센티미터 정도다.

잎 표면이
오목하다.

잎은 마주 달리고
다육질의 달걀 같은 길둥근꼴이다.

꽃부리는 보통 4갈래로 갈라지지만,
5갈래로 갈라지기도 한다.

어린 가지에
털이 없다.

높이 17센티미터 정도 자라는
버금떨기나무다.

칼랑코에 '크로노'

줄기 위쪽에 많은 꽃이 모여
작은모임꽃차례를 이룬다.

칼랑코에 '메루'
Kalanchoe blossfeldiana 'Meru'
—
연한 분홍색과 홍적색 두 가지 빛깔의 꽃이 함께 핀다.

잎 양면에는
털이 없다.

꽃의 길이는
약 14밀리미터다.

줄기 위쪽에
많은 꽃이 모여 핀다.

잎가에
둔한 톱니가 있다.

꽃에는
향기가 없다.

꽃의 지름은
약 18밀리미터다.

암술은 4개다.

잎 표면이
오목하다.

잎은 길이 9센티미터,
폭 7센티미터 정도다.

잎은 마주 달리고
다육질의 달걀 같은 길둥근꼴이다.

어린 가지에
털이 없다.

연분홍색과
붉은색 꽃이 함께 핀 모습

높이 17센티미터 정도 자라는
버금떨기나무다.

칼랑코에 '메루'

줄기 위쪽에 많은 꽃이 모여
작은모임꽃차례를 이룬다.

칼랑코에 '베란다'
Kalanchoe blossfeldiana 'Veranda'
—
꽃은 홍색으로 핀다.

잎 양면에는
털이 없다.

잎가에 둔한
톱니가 있다.

꽃의 길이는
약 14밀리미터다.

줄기 위쪽에
많은 꽃이 모여 핀다.

꽃에는
향기가 없다.

꽃의 지름은
18밀리미터 정도다.

암술은
4개다.

잎 표면은
오목하다.

잎은 길이 7~10센티미터,
폭 5~7센티미터 정도다.

잎은 마주 달리고
달걀 같은 길둥근꼴이다.

꽃은
홍색으로 핀다.

어린 가지에는
털이 없다.

높이 17센티미터 정도 자라는
버금떨기나무다.

줄기 위쪽에 많은 꽃이 모여
작은모임꽃차례를 이룬다.

칼랑코에 '피톤'
Kalanchoe blossfeldiana 'Piton'
—
꽃은 붉은색으로 피며 꽃부리 끝은 흰색이다.

잎 양면에는
털이 없다.

꽃의 길이는
13밀리미터 정도다.

잎가에 둔한
톱니가 있다.

꽃은 줄기 끝에
모여 달린다.

꽃에는
향기가 없다.

꽃의 지름은
약 16밀리미터다.

암술은
4개다.

잎 표면은
약간 오목하다.

잎은 길이 8~9센티미터,
폭 7센티미터 정도다.

잎은 마주 달리고
다육질의 달걀 같은
길둥근꼴이다.

꽃은 붉은색으로 피며
꽃부리갈래조각 끝은 흰색이다.

어린 가지에는
털이 없다.

높이 20센티미터 정도 자라는
버금떨기나무다.

칼랑코에 '피톤'

675

줄기 위쪽에 많은 꽃이 모여
작은모임꽃차례를 이룬다.

잎 양면에는
털이 없다.

칼랑코에 '라닌'

Kalanchoe blossfeldiana 'Lanin'
—
꽃은 붉은색으로 핀다.

꽃의 길이는
약 14밀리미터다.

잎가에 둔한
톱니가 있다.

꽃은 줄기 끝에
모여 달린다.

꽃의 지름은
약 18밀리미터다.

꽃에는 향기가 없다.

암술은
4개다.

잎은 마주 달리고
다육질의 달걀 같은
길둥근꼴이다.

잎 표면이
오목하다.

잎은 길이 7~10센티미터,
폭 5~7센티미터 정도다.

어린 가지에는
털이 없다.

꽃은
붉은색으로 핀다.

높이 17센티미터 정도 자라는
버금떨기나무다.

칼랑코에 '라닌'

꽃은 줄기 끝에
원뿔꽃차례를 이룬다.

선인무仙人舞

[세모리아 · 장상주掌上珠]

Kalanchoe orgyalis

[semoria]

—

높이가 30~45센티미터 정도 자란다. 잎은 마주 달린다. 잎 표면은 갈색이고 뒷면은 회백색이다.

잎 양면에
미세한 털이 있다.

열매는
갈색으로
익는다.

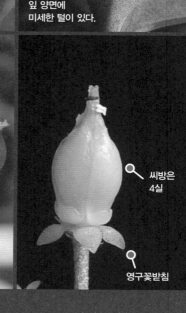

씨방은
4실

영구꽃받침

어린 열매

꽃은 겨울에
녹황색으로 핀다.

꽃부리통부

네 개의 꽃받침조각

꽃부리갈래조각은
네 개다.

잎은 갈색이고
두툼한 다육질이다.

잎은 안으로
오므라진다.

잎은 달걀꼴이며
잎끝은 뾰족하다.

어린 가지는
미세한 털로
덮여 있다.

줄기가
땅에 닿으면
뿌리를 내린다.

높이가 30~45센티미터 정도
자라는 떨기나무다.

찾아보기

찾아보기

찾아보기

찾아보기

한눈에 알아보는 우리 나무 **5** —다육식물 편

초판인쇄 2024년 4월 8일
초판발행 2024년 4월 26일

지은이 박승철
펴낸이 강성민
편집장 이은혜
마케팅 정민호 박치우 한민아 이민경 박진희 정유선 황승현
브랜딩 함유지 함근아 고보미 박민재 김희숙 박다솔 조다현 정승민 배진성
제작   강신은 김동욱 이순호

펴낸곳 (주)글항아리 | 출판등록 2009년 1월 19일 제406-2009-000002호

주소 10881 경기도 파주시 심학산로 10 3층
전자우편 bookpot@hanmail.net
전화번호 031-955-8869(마케팅) 031-941-5162(편집부)
팩스 031-941-5163

ISBN 979-11-6909-228-9 06480

잘못된 책은 구입하신 서점에서 교환해드립니다.
기타 교환 문의 031-955-2661, 3580

www.geulhangari.com